U0816453

煤矿新工人安全培训教材

中国煤炭工业协会培训中心 组织编写
全国煤炭行业教育培训资源编审专家委员会 审 定

陈 和 郭 庆 主编

应急管理出版社
·北 京·

图书在版编目（CIP）数据

煤矿新工人安全培训教材 / 中国煤炭工业协会培训中心组织编写；陈和，郭庆主编. -- 北京：应急管理出版社，2022

ISBN 978 - 7 - 5020 - 9555 - 0

Ⅰ. ①煤… Ⅱ. ①中… ②陈… ③郭… Ⅲ. ①煤矿—安全生产—安全培训—教材 Ⅳ. ①TD7

中国版本图书馆 CIP 数据核字（2022）第 200934 号

煤矿新工人安全培训教材

组织编写 中国煤炭工业协会培训中心
主　　编 陈　和　郭　庆
责任编辑 成联君　杨晓艳
责任校对 张艳蕾
封面设计 众安图书

出版发行 应急管理出版社（北京市朝阳区芍药居 35 号　100029）
电　　话 010 - 84657898（总编室）　010 - 84657880（读者服务部）
网　　址 www. cciph. com. cn
印　　刷 徐州市卓美彩色印刷有限公司
经　　销 全国新华书店

开　　本 850mm × 1168mm $^{1}/_{32}$　**印张** $8^{1}/_{4}$　**字数** 204 千字
版　　次 2023 年 1 月第 1 版　2023 年 1 月第 1 次印刷
社内编号 20193579　　**定价** 29.00 元

编 委 会

主　编　陈　和　郭　庆

副主编　王　滨　王志刚　黄栋芳

参　编　王全明　王　敏　张前进

安铁梁　张育磊　何　艳

审　稿　武龙飞　焦方杰　赵文哲

刘云娟　刘晓宁　郭　玉

动画、视频和网络题库使用流程：

1. 扫描**本书封底**的注册码，完成“众安教培服务平台”小程序的注册（可以点击右上角三个点，添加到桌面上，便于以后使用）。已经注册过的，无须重复注册。

2. 在“众安教培服务平台”中“我的”里面找“扫一扫”，扫描**本书封底**的**验证码**（一书一码，只能一人验证）。

3. 在“众安教培服务平台”中“我的”里面找“扫一扫”，扫描书中的二维码即可观看动画或视频。

4. 在“众安教培服务平台”中“题库”里面找“煤矿新工人”题库，即可进行网络练题。

5. 使用中如有问题，请联系 QQ414697740、微信 13813483120，或者加入煤矿安全培训 QQ 群 1124282429 进行交流。

前　言

为了帮助煤矿企业落实安全培训主体责任，落实《煤矿安全培训规定》对煤矿新工人培训的要求，根据原国家安全生产监督管理总局和原国家煤矿安全监察局发布的《煤矿新工人安全培训大纲(试行)》和《国家卫生健康委办公厅关于进一步加强用人单位职业健康培训工作的通知》(2022 年 12 月 13 日公布)，结合近年来煤矿安全培训检查的新要求，组织有关专家编写了《煤矿新工人安全培训教材》。

本书具有如下特色：

(1) 紧扣大纲和题库。本书紧扣《煤矿新工人安全培训大纲(试行)》，知识点全面，结构合理。

(2) 内容新颖。本书严格按照 2022 年 4 月 1 日起实施的《煤矿安全规程》、2022 年 1 月 1 日起施行的《煤矿防灭火细则》、2021 年 9 月 1 日起实施的《安全生产法》、2021 年 3 月 1 日起实施的《刑法》和 2021 年 1 月 1 日起实施的《煤矿重大事故隐患判定标准》，以及最近几年颁布的其他煤矿安全法律法规编写，符合当前煤矿生产发展的特点和煤矿智能化发展的新要求。

(3) 通俗易懂。本书编写结合当前煤矿新工人学习特点，文字浅显易懂，并配以大量图、表、口诀等，易记易学。

(4) 案例新颖丰富。全书在介绍知识的同时，穿插了近几年发生的典型事故案例，警示教育作用明显。

(5) 突出实操训练。本书在编写过程中，简化理论，突出实用性，强调知识学习与本矿实际情况相结合的训练，最后一章基本技能训练部分，精心安排了6个实操训练。

(6) 立体化教材，动画、视频扫码可看。

(7) 网络考试题库，免费练题。学员可顺序练题、随机练题、模拟考试，可建立个人错题集，便于复习提高(网络题库免费使用期为验证后1年)。

本书力图使煤矿新工人熟悉有关煤矿安全生产的法律法规、规章制度和安全操作规程，掌握必要的安全生产知识，具备初步的安全生产操作技能，具备一定的预防事故、控制职业危害和应急处理的能力，提高安全生产意识，养成安全生产习惯。

本书在编写过程中得到了淮北矿业集团、陕煤化集团、中煤科工集团、中国平煤神马集团、晋能控股集团、河南煤化集团、冀中能源峰峰集团、徐矿集团、山东能源枣庄矿业集团等单位的大力支持，在此表示衷心感谢！本书在编写过程中参考了大量文献资料，在此对其作者表示诚挚的谢意！

本书由中国煤炭工业协会培训中心组织编写，由全国煤炭行业教育培训资源编审专家委员会审定。

为了便于教学，为本书制作了电子课件，免费赠予订购本教材单位的培训教师，联系邮箱为：414697740@qq.com。教师在教学中如有问题可加入煤矿安全培训QQ群1124282429进行交流。

编者

目　录

煤矿新工人安全培训学时安排

序号	培训内容	学时	
		露天煤矿	井工煤矿
1	煤矿安全生产法律法规	4	4
2	煤矿安全管理	4	4
2	露天煤矿开采安全或井工煤矿开采安全	32	32
3	煤矿职业健康	8	8
4	事故应急处置、自救与创伤急救	4	4
5	现场参观与基本技能训练	16	16
6	复习	2	2
7	考试	2	2
合计		72	72

第一章　煤矿安全生产方针及法律法规

第一节　煤矿安全生产形势、特点与方针

一、煤矿安全生产形势

近年来，我国煤矿安全生产形势持续稳定向好。1978—2021年，全国煤炭年产量由618 Mt增至4130 Mt，煤矿事故死亡人数由最多时7000人左右降至178人。2021年，全国煤矿发生死亡事故91起、死亡178人，同比分别下降26.0%和21.9%；百万吨死亡率0.044，同比下降24.0%。

尽管近年来煤矿安全生产工作取得明显成效，但形势依然复杂严峻，重大事故尚未杜绝、较大事故时有发生，还存在一些突出问题。

(1) 违法违规行为屡禁不止、屡罚不改。煤矿超层越界开采、超能力超强度、违规开采保安煤柱、违规转包分包、不经批准擅自复工复产等违法违规行为严重。

(2) 专项整治三年行动不够深入。一些地区、部门和企业政治站位不高，把专项整治三年行动等同于一般性安全检查，以日常隐患台账代替"两个清单"，没有真正查摆剖析系统性、深层次问题，也没有从根本上制定制度措施。

(3) 企业主体责任落实不到位。安全发展理念树得不牢，重生产轻安全，好像是为政府抓安全，缺乏内生动力。一些国有企业

多层级管理，责任落实层层递减，制度措施和现场管理“两张皮”。

（4）事故教训吸取不深刻。重庆松藻“9·27”重大火灾事故后，不到3个月又发生吊水洞煤矿重大事故。山东因极端天气造成煤矿双回路停电、大量人员滞留井下险情后，不到3个月吉林一些煤矿再次发生同类险情。湖南省耒阳市2011年、2012年连续发生透水事故后，2020年又发生重大透水事故，3起事故如出一辙。

（5）随着开采深度的增加，一些矿井灾害日益严重。截止到2020年底，全国煤矿有高瓦斯矿井840处、煤与瓦斯突出矿井719处、冲击地压矿井133处。随着开采深度的增加，部分煤矿由低瓦斯矿井向高瓦斯矿井或煤与瓦斯突出矿井演变、无冲击地压危险矿井向弱冲击或强冲击危险矿井演变、水文地质类型由简单向复杂或极复杂演变，大采深矿井地热、岩爆等问题凸显，且多种灾害叠加，煤与非煤、油气等相互伴生，防控难度增大。

（6）采掘接续紧张没有有效解决。一些煤矿采掘接续紧张问题一直没有得到有效解决，甚至有的矿井还在加重，导致灾害治理时间、空间不足。传统上煤矿生产接续按照“两头”保“一面”布置，现在为了灾害治理需要“多头”保“一面”，但一些煤矿在投入上、队伍上、管理上、技术上跟不上，陷入了采掘接续紧张的恶性循环。

（7）外部环境不确定性带来安全风险。受疫情变化、国际贸易摩擦、行业特点和极端天气等影响，个别地区、个别时段可能出现矿产品市场异常波动、价格大起大落、企业开开停停，造成生产不均衡，事故风险增加。

“十四五”时期是煤矿安全发展向更高水平迈进的关键时期。煤矿安全生产必须以习近平新时代中国特色社会主义思想为指导，以改革创新为根本动力，以保护矿工生命安全为根本目的，健全矿山安全法治、安全责任、灾害防治、科技支撑、基础保障和社会化服务等六大体系，实施矿山智能化建设、淘汰退出落后产能、重大灾害治理、风险分级管控和隐患排查治理、从业人员素质提升、监管监察能力建设和信息化建设等重点工程，扎实推进煤矿安全治理体系与治理能力现代化，才能实现煤矿安全的根本改进。

二、煤矿井下作业特点

随着科学技术的创新和快速发展，煤炭工业面貌不断得到改善，以大型煤炭基地、大型煤炭企业和大型现代化煤矿为主的格局基本形成，大量落后不安全的小煤矿被淘汰，煤矿机械化、信息化和智能化程度逐步提高，安全生产条件大为改善。但是煤炭工业是一个特殊行业，生产条件和工作环境相对特殊，工作场所环境变化大，生产安全事故始终影响和制约着煤矿的生产建设。因此，煤矿从业人员了解井下作业场所的特点，对于履行自己的岗位职责具有重要意义。

（一）煤矿作业环境特殊

煤矿作业场所多为地下作业，条件相对艰苦，而且我国95％以上的煤矿是井工煤矿，井深平均在400 m以上，作业环境具有明显的特殊性。

（1）狭窄不平，变化大。采煤工作面空间依据煤层厚度而定，中厚煤层空间稍大，薄煤层、极薄煤层作业空间非常狭小，给行人和运输造成不便。此外，采掘作业面经常处在交替衔接之中，采掘作业的条件变化较大。

（2）光线不足，噪声大。作业场所没有自然采光，井下作业人员要靠矿灯照明；采、掘、运等设备运转声响大，经常造成噪声超标。

（3）阴凉潮湿，风速大。有的巷道或工作面经常出现淋水或积水，导致井下环境湿度较大。为保障通风质量，必须有较大的风速。

(4) 粉尘严重,危害大。在生产过程中,伴随着粉尘、有害气体的产生,采深大的矿井伴有地热现象,环境温度较高。

(5) 井深巷远,强度大。作业场所在地下,井深巷远,加上辅助时间,作业人员在井下时间较长,劳动强度大。

(二) 煤矿生产系统复杂

(1) 煤矿生产工艺复杂。煤矿井下生产具有多工种、多方位、多系统立体交叉连续作业的特点。采煤、掘进、通风、机电、排水、供电、运输等系统中,任何部位或任何一个环节出现问题,都可能酿成事故,甚至造成重特大事故。

(2) 煤矿生产和建设常常同时进行。要保证矿井持续生产,保持采掘平衡,必须要在工作面回采的同时,不断进行巷道开拓准备,保证生产接替,这些生产建设环节的交叉,增加了安全生产、组织管理和技术管理的复杂性。

(三) 煤矿生产设备多

(1) 煤矿机电设备多而复杂。因为煤矿生产环节多,工艺复杂,所以井下生产要用到提升运输设备、通风压风设备、电气设备、排水设备、采掘设备以及保障安全生产的安全监测监控及瓦斯抽采设备。

(2) 煤矿机电设备向机械化、自动化、智能化的方向发展。综采成套设备的生产能力在适宜的煤层条件下,采煤工作面可实现年产超千万吨,出现了"一矿一面、一个采区、一条生产线"的高效集约化生产模式。高度智能化的采煤机实现了远程操控和工作面无人操作,带式输送机运输系统实现了自动化,矿井主要通风机、主提升设备操作实现了智能化。

(四) 煤矿事故诱发因素多样

(1) 由于煤矿生产条件的特殊性,大多数煤矿灾害因素多,致灾机理复杂。矿井瓦斯、矿尘、水、火、冲击地压及有毒有害气体经常威胁着煤矿安全生产,甚至引起重大安全事故。

（2）如果安全管理不到位，设备、物料处于不安全状态，违章指挥、违章作业也是造成人为事故的重要因素。

三、煤矿安全生产方针

（一）安全生产方针的内容

安全生产方针是指国家对安全生产工作的总要求，是安全生产工作的方向。煤矿企业必须遵循安全第一，预防为主，综合治理的安全生产方针（图 1-1），把它作为安全生产工作的指导思想和行为准则。

图 1-1　安全生产方针

1. 安全第一

安全第一是指强调安全，强调人的生命与健康高于一切，安全优先，以人为本，把安全放在一切工作的首位。煤矿企业要树立红线意识，落实“不安全不生产，隐患不排除不生产，安全措施不落实不生产”的原则，井下从业人员要珍惜自身生命健康，保持随时、随地安全生产的习惯，杜绝侥幸心理，实现自主保安、相互保安。煤矿企业应当在保障安全生产的基础上最大限度地提高经济效益，才能持续健康发展（图 1-2）。

图 1-2 安全与效益

2. 预防为主

预防为主是指实现安全生产的主要工作在于预防,把安全生产工作的关口前移,超前防范,通过预防工作及时把各类事故消灭在萌芽之中。一切隐患都是可以消除的,一切事故都是可以预防的。煤矿企业要建立隐患排查、事故预防机制,采取有效的事前控制措施,保证安全生产。井下作业人员要自觉执行作业规程和操作规程,严格遵守劳动纪律,搞好安全生产。

3. 综合治理

综合治理是指综合运用各种手段,包括加强安全生产管理,保证安全生产投入,加强安全生产教育培训,做好业务保安、科技兴安工作,充分发挥各方面的安全监督作用,来保证安全生产。综合治理要求做到全方位、全过程、全员管理;重视科学技术对煤矿安全的重要支撑作用,提高煤矿生产机械化、自动化、信息化水平。综合治理是安全生产工作的重心所在,是保证安全管理目标实现的重要途径。

(二) 安全生产方针对煤矿从业人员的要求

(1) 牢固树立"安全第一"的思想,不安全不生产。

（2）遵守煤矿安全管理制度，学法、知法、守法，树立依法进行煤矿安全生产作业的意识。

（3）遵纪守规，不违反劳动纪律，不违章作业。

（4）遵守本工种岗位安全生产标准化的要求，按照安全操作规程作业，做到操作标准化。

（5）参加安全生产培训，掌握煤矿安全生产知识，具备实际安全操作技能。

（6）做好劳动保护，避免职业伤害。

（7）工作中随时检查自己所处的作业环境，做到自主保安和相互保安。

（8）树立安全意识，实现由“要我安全”向“我要安全”和“我能安全”（图 1-3）的转变。

图 1-3　安全意识转变

第二节　煤矿安全生产主要法律

我国的煤矿安全生产法律法规体系由煤矿安全生产相关的法

律、法规(行政法规和地方性法规)、规章(部门规章和地方性规章)、标准规范构成。

一、《中华人民共和国刑法》(以下简称《刑法》)

2020年12月26日第十三届全国人民代表大会常务委员会第二十四次会议通过了《中华人民共和国刑法修正案(十一)》,自2021年3月1日起施行。修订后的《刑法》中涉及安全生产的主要内容如下:

(1) 在生产、作业中违反有关安全管理的规定,因而发生重大伤亡事故或者造成其他严重后果的,处3年以下有期徒刑或者拘役;情节特别恶劣的,处3年以上7年以下有期徒刑。

(2) 强令他人违章冒险作业,或者明知存在重大事故隐患而不排除,仍冒险组织作业,因而发生重大伤亡事故或者造成其他严重后果的,处5年以下有期徒刑或者拘役;情节特别恶劣的,处5年以上有期徒刑。

(3) 在生产、作业中违反有关安全管理的规定,有下列情形之一,具有发生重大伤亡事故或者其他严重后果的现实危险的,处一年以下有期徒刑、拘役或者管制:① 关闭、破坏直接关系生产安全的监控、报警、防护、救生设备、设施,或者篡改、隐瞒、销毁其相关数据、信息的;② 因存在重大事故隐患被依法责令停产停业、停止施工、停止使用有关设备、设施、场所或者立即采取排除危险的整改措施,而拒不执行的;③ 涉及安全生产的事项未经依法批准或者许可,擅自从事矿山开采、金属冶炼、建筑施工,以及危险物品生产、经营、储存等高度危险的生产作业活动的。

(4) 安全生产设施或者安全生产条件不符合国家规定,因而发生重大伤亡事故或者造成其他严重后果的,对直接负责的主管人员和其他直接责任人员,处3年以下有期徒刑或者拘役;情节特别恶劣的,处3年以上7年以下有期徒刑。

此次修订,将“明知存在重大事故隐患而不排除,仍冒险组织作业”与“强令他人违章冒险作业”同等追责；首次对未发生重大伤亡事故，但存在有“重大伤亡事故或者其他严重后果”现实危险的安全生产违法行为追究刑事责任；新增了关闭破坏生产安全设备设施和篡改、隐瞒、销毁数据信息的犯罪和拒不整改重大事故隐患的犯罪。

二、《中华人民共和国安全生产法》(以下简称《安全生产法》)

修订后的《安全生产法》自 2021 年 9 月 1 日起施行。制定《安全生产法》的目的是加强安全生产工作，防止和减少生产安全事故(图 1-4)，保障人民群众生命和财产安全，促进经济社会持续健康发展。

图 1-4　立法保安

该法包括生产经营单位的安全生产保障、从业人员的安全生产权利和义务、安全生产的监督管理、生产安全事故的应急救援和调查处理、法律责任等内容。煤矿新工人应当重点掌握如下内容：

(1) 生产经营单位实行全员安全责任制。明确生产经营单位的主要负责人是本单位安全生产第一责任人，对本单位的安全生产工作全面负责，其他负责人对职责范围内的安全生产工作负责。生产经营单位每一个部门、每一个岗位、每一个员工，都不同程度地直接和间接影响着安全生产。安全生产人人都是主角，没有旁观者。这次修改

动画

要求煤矿要健全并落实全员安全责任制，调动全体员工的积极性和创造性，形成人人关心安全生产、人人提升安全素质、人人做好安全生产的局面，从整体上提升安全生产水平。

(2) 企业应当加大对从业人员的关怀。修改后的《安全生产法》规定，生产经营单位应当关注从业人员的身体、心理状况和行为习惯，加强对从业人员的心理疏导、精神慰藉，严格落实岗位安全生产责任，防范从业人员行为异常导致事故发生。

(3) 煤矿应当强化安全风险分级管控和隐患排查治理双重预防机制。生产经营单位应当建立健全并落实生产安全事故隐患排查治理制度，采取技术、管理措施，及时发现并消除事故隐患。事故隐患排查治理情况应当如实记录，并通过职工大会或者职工代表大会、信息公示栏等方式向从业人员通报。其中，重大事故隐患排查治理情况应当及时向负有安全生产监督管理职责的部门和职工大会或者职工代表大会报告。

(4) 生产经营单位发生生产安全事故后，应当及时采取措施救治有关人员。因生产安全事故受到损害的从业人员，除依法享有工伤保险外，依照有关民事法律尚有获得赔偿的权利的，有权提出赔偿要求。

(5) 生产经营单位不得关闭、破坏直接关系生产安全的监控、报警、防护、救生设备、设施，或者篡改、隐瞒、销毁其相关数据、信息。煤矿应特别注意严禁篡改瓦斯监控数据。

(6) 从业人员在作业过程中，应当严格落实岗位安全责任，遵守本单位的安全生产规章制度和操作规程，服从管理，正确佩戴和使用劳动防护用品。

(7) 负有安全生产监督管理职责的部门应当建立安全生产违法行为信息库，如实记录生产经营单位及其有关从业人员的安全生产违法行为信息；对违法行为情节严重的生产经营单位及其有关从业人员，应当及时向社会公告，并通报行业主管部门、投资主管部门、自然资源主管部门、生态环境主管部门、证券监督管理机构以及有关金融机构。有关部门和机构应当对存在失信行为的生产经营单位及其有关从业人员采取加大执法检查频次、暂停项目审批、上调有关保险费率、行业或者职业禁入等联合惩戒措施，并向社会公示。负有安全生产监督管理职责的部门应当加强对生产经营单位行政处罚信息的及时归集、共享、应用和公开，对生产经营单位做出处罚决定后七个工作日内在监督管理部门公示系统予以公开曝光，强化对违法失信生产经营单位及其有关从业人员的社会监督，提高全社会安全生产诚信水平。

三、《中华人民共和国职业病防治法》(以下简称《职业病防治法》)

修订后的《职业病防治法》自 2018 年 12 月 29 日起施行。制定《职业病防治法》的目的是：预防、控制和消除职业病危害，防治职业病，保护劳动者健康及其相关权益，促进经济社会发展。修订后的《职业病防治法》有如下特点：

（1）明确工会的职业病防治监督职能。工会组织依法对职业病防治工作进行监督，维护劳动者的合法权益。用人单位制定或者修改有关职业病防治规章制度，应当听取工会组织的意见。工会组织有权依法代表劳动者与用人单位签订劳动安全卫生专项集体合同。

动画

（2）强化用人单位职业病防治职责。建立用人单位负责、行政机关监管、行业自律、职工参与和社会监督的机制，实行分类管理、综合治理。

（3）明确和取消相关技术支撑机构的资质认可。取消职业健康检查机构的资质认可，取消职业病诊断机构的资质认可，明确职业病诊断应当由取得《医疗机构执业许可证》的医疗卫生机构承担，并提出了承担职业病诊断的医疗卫生机构应当具备的条件。

（4）明确劳动者的职业病诊断规定。

① 劳动者可在用人单位所在地、本人户籍所在地或者经常居住地依法承担职业病诊断的医疗卫生机构进行职业病诊断。

② 明确由卫生行政部门监督检查和督促用人单位为申请职业病诊断、鉴定的劳动者提供职业史、职业病危害接触史、工作场所职业病危害因素检测结果等相关资料。

③ 在职业病诊断、鉴定过程中，用人单位不提供工作场所职业病危害因素检测结果等相关资料的，诊断、鉴定机构也可结合劳动者的临床表现、辅助检查结果和劳动者的职业史、职业病危害接触史并参考劳动者的自述及卫生行政部门提供的日常监督检查等信息做出职业病诊断、鉴定结论（图 1-5）。

图 1-5　职业病鉴定

④ 劳动者对用人单位提供的工作场所职业病危害因素检测结果等资料有异议或因用人单位解散、破产无法提供相关资料的，诊断、鉴定机构可提请卫生行政部门进行调查。

⑤ 职业病诊断、鉴定过程中，在确认劳动者职业史、工种、工作岗位或在岗时间有争议的，可以向当地劳动人事争议仲裁机构

申请仲裁，劳动人事争议仲裁委员会应当于受理之日起30日内做出裁决，劳动者对仲裁不服的，还可依法向人民法院提起诉讼。

(5) 明确职业病病人保障规定。

① 职业病病人的诊疗、康复费用，伤残及丧失劳动能力的职业病病人的社会保障，按照国家有关工伤保险的规定执行。

② 劳动者被诊断患有职业病，但用人单位没有依法参加工伤保险的，其医疗和生活保障由该用人单位承担。

③ 用人单位已经不存在或者无法确认劳动关系的职业病病人，可以向地方人民政府医疗保障、民政部门申请医疗救助和生活等方面的救助。

四、《中华人民共和国劳动法》(以下简称《劳动法》)

修订后的《劳动法》自2018年12月29日起施行。制定《劳动法》的目的是保护劳动者的合法权益、调整劳动关系(图1-6)、建立和维护适应社会主义市场经济的劳动制度、促进经济发展和社会进步。

图1-6　调整劳动关系

《劳动法》的内容包括：总则、促进就业、劳动合同和集体合同、工作时间和休息休假、工资、劳动安全卫生、女职工和未成年工特殊保护、职业培训、社会保险和福利、劳动争议、监督检查、法律责任和附则。

《劳动法》规定了劳动者享有的基本权利和义务。劳动者享有平等就业和选择职业的权利、取得劳动报酬的权利、休息休假的权利、获得劳动安全卫生保护的权利、接受职业技能培训的权利、享受社会保险和福利的权利、提请劳动争议处理的权利以及法律规定的其他劳动权利。劳动者应当完成劳动任务,提高职业技能,执行劳动安全卫生规程,遵守劳动纪律和职业道德。

国家实行劳动者每日工作时间不超过 8 h、平均每周工作时间不超过 44 h 的工时制度。用人单位应当保证劳动者每周至少休息 1 日。煤矿企业因生产特点不能实行上述规定的,经劳动行政部门批准,可以实行其他工作和休息办法。劳动者连续工作一年以上的,享受带薪年休假。用人单位在元旦、春节、国际劳动节、国庆节及法律法规规定的其他休假节日期间应当依法安排劳动者休假。

工资分配应当遵循按劳分配原则,实行同工同酬。用人单位根据本单位的生产经营特点和经济效益,依法自主确定本单位的工资分配方式和工资水平。国家实行最低工资保障制度。用人单位支付劳动者的工资不得低于当地最低工资标准。劳动者在法定休假日和婚丧假期间以及依法参加社会活动期间,用人单位应当依法支付工资。用人单位与劳动者发生劳动争议,当事人可以依法申请调解、仲裁、提起诉讼,也可以协商解决。

五、《中华人民共和国劳动合同法》(以下简称《劳动合同法》)

修订后的《劳动合同法》自 2013 年 7 月 1 日起施行。制定《劳动合同法》的目的是完善劳动合同制度,明确劳动合同双方当事人的权利和义务,保护劳动者的合法权益,构建和发展和谐稳定的劳动关系。

《劳动合同法》是比较完整地保护劳动者合法权益的法律,在涉及劳动关系双方基本权利方面都给予了充分保障,保障劳动关系双方都有基本权利。劳动者在就业方面有自由流动、自主选择的权利，而用人单位有用人用工的自主权，今后不允许对劳动者的流动加以特别限制。劳动者提前 30 日以书面形式通知用人单位，可以解除劳动合同(图 1-7)。劳动者在试用期内提前 3 日通知用人单位，可以解除劳动合同。

图 1-7　解除劳动合同的时间

《劳动合同法》规定，订立劳动合同，应当遵循合法、公平、平等自愿、协商一致、诚实信用的原则。建立劳动关系，应当订立书面劳动合同。依法订立的劳动合同具有约束力，用人单位与劳动者应当履行劳动合同约定的义务。用人单位招用劳动者时，应当如实告知劳动者工作内容、工作条件、工作地点、职业危害、安全生产状况、劳动报酬，以及劳动者要求了解的其他情况；用人单位有权了解劳动者与劳动合同直接相关的基本情况，劳动者应当如实说明。

六、《中华人民共和国煤炭法》(以下简称《煤炭法》)

《煤炭法》自 1996 年 12 月 1 日起施行，全国人民代表大会常务委员会在 2009 年 8 月、2011 年 4 月、2013 年 6 月和 2016 年 11 月对《煤炭法》进行了四次修改。制定《煤炭法》的目的是合理开发利用和保护煤炭资源,规范煤炭生产、经营活动,促进和保障煤炭行业的发展。它为煤炭的生产、经营活动确立了基本原则,从而使煤炭行业在法制轨道上健康发展。

2013 年《煤炭法》修订后取消了煤炭生产许可证和煤炭经营许可证,国家煤炭主管部门对于煤炭生产企业和煤炭经营企业的生产经营干预继续减少。生产企业只要安全通过验收达标,办理煤矿企业安全生产许可证即可。煤炭生产经营企业可以轻装上阵,平等地参与煤炭生产和煤炭经营,平等地参与煤炭市场竞争。

2016 年《煤炭法》修订后取消了原《煤炭法》中对开办煤矿企业应当具备的条件要求和向煤炭管理部门提出申请进行审批的规定,开办煤矿企业更加简单。

七、《中华人民共和国矿山安全法》(以下简称《矿山安全法》)

《矿山安全法》自 1993 年 5 月 1 日起施行。其立法的目的是:保障矿山安全生产,防止矿山事故,保护矿山职工的人身安全,促进采矿业的发展。

《矿山安全法》是调整劳动关系中关于保护劳动者在采矿生产过程中安全与健康的关系,有关国家机关和社会团体监督、检查矿山安全法规贯彻、执行情况所发生的关系准则。若矿山企业、事业单位及其行政主管部门(或法人代表)不履行《矿山安全法》的规定,该法的执行部门可以直接或请求有关机关依法强制其履行。因此,它是现阶段我国矿山企业在安全生产中必须遵循的大法。

第三节　煤矿安全生产主要行政法规

一、《煤矿安全监察条例》

《煤矿安全监察条例》自 2000 年 12 月 1 日起施行。制定《煤矿安全监察条例》的目的是保障煤矿安全，规范煤矿安全监察工作，保护煤矿职工人身安全和身体健康。国家对煤矿安全实行监察制度。煤矿安全监察机构按照国务院规定的职责，依照该条例的规定对煤矿实施安全监察。

《煤矿安全监察条例》共 5 章 50 条，对煤矿安全监察机构及其职责、煤矿安全监察内容做出了明确规定，在确立煤矿安全监察机构和煤矿安全监察员法律地位的同时，对其权利、职责和义务以及如何执法、如何接受监督等做出了明确规定；并确立了煤矿安全监察员管理制度、煤矿建设工程安全设施设计审查与竣工验收制度、煤矿安全生产监督检查制度、煤矿事故报告和调查处理制度、煤矿安全监察信息与档案管理制度、煤矿安全监察监督制约制度、煤矿安全监察行政处罚制度。

二、《国务院办公厅关于进一步加强煤矿安全生产工作的意见》

2013 年 10 月 2 日国务院办公厅以国办发〔2013〕99 号文件下发了《国务院办公厅关于进一步加强煤矿安全生产工作的意见》。制定该文件的目的是：深刻吸取事故教训，坚守发展决不能以牺牲人的生命为代价的红线，始终把矿工生命安全放在首位，大力推进煤矿安全治本攻坚，建立健全煤矿安全长效机制，坚决遏制煤矿重特大事故发生。

该文件指出，煤矿矿长要落实安全生产责任，切实保护矿工生命安全；要保护煤矿工人权益，研究确定煤矿工人小时最低工资标准，提高下井补贴标准，提高煤矿工人收入，严格执行国家法定工时制度，停产整顿煤矿必须按期发放工人工资；煤矿必须依法配备劳动保护用品，定期组织职业健康检查，加强尘肺病防治工作，建设标准化的食堂、澡堂和宿舍；要提高煤矿工人素质，加强煤矿班组安全建设，加快变“招工”为“招生”，强化矿工实际操作技能培训与考核，所有煤矿从业人员必须经考试合格后持证上岗。

三、《工伤保险条例》

修订后的《工伤保险条例》自2011年1月1日起施行。制定《工伤保险条例》的目的是保障因工作遭受事故伤害或者患职业病的职工获得医疗救治和经济补偿，促进工伤预防和职业康复，分散用人单位的工伤风险。该条例主要规定了工伤保险基金、工伤认定、劳动能力鉴定、工伤保险待遇、监督管理、法律责任等方面的内容。

工伤保险，是指劳动者在工作中或在规定的特殊情况下，遭受意外伤害或患职业病导致暂时或永久丧失劳动能力以及死亡时，劳动者或其遗属从国家和社会获得物质帮助的一种社会保险制度。

（一）工伤保险的作用

动画

（1）工伤保险作为社会保险制度的一个组成部分，是国家通过立法强制实施的，是国家对职工履行的社会责任，也是职工应该享受的基本权利。工伤保险的实施是人类文明和社会发展的标志和成果。

（2）实行工伤保险保障了工伤职工医疗及其基本生活、伤残抚恤和遗属抚恤，在一定程度上解除了职工和家属的后顾之忧。

（3）建立工伤保险有利于促进安全生产，保护和发展社会生产力。工伤保险与生产单位改善劳动条件、防病防伤、安全教育、医疗康复、社会服务等工作紧密相连。对提高生产经营单位和职工的安全生产水平，防止或减少工伤、职业病，保护职工的身体健康至关重要。

（4）工伤保险保障了受伤害职工的合法权益，有利于妥善处理事故和恢复生产，维护正常的生产、生活秩序，维护社会安定。

（二）工伤认定

（1）工伤保险认定的范围。

职工有下列情形之一的，应当认定为工伤：① 在工作时间和工作场所内，因工作原因受到事故伤害的；② 工作时间前后在工作场所内，从事与工作有关的预备性或者收尾性工作受到事故伤害的；③ 在工作时间和工作场所内，因履行工作职责受到暴力等意外伤害的；④ 患职业病的；⑤ 因工外出期间，由于工作原因受到伤害或者发生事故下落不明的；⑥ 在上下班途中，受到非本人主要责任的交通事故或者城市轨道交通、客运轮渡、火车事故伤害的(图 1-8)；⑦ 法律、行政法规规定应当认定为工伤的其他情形。

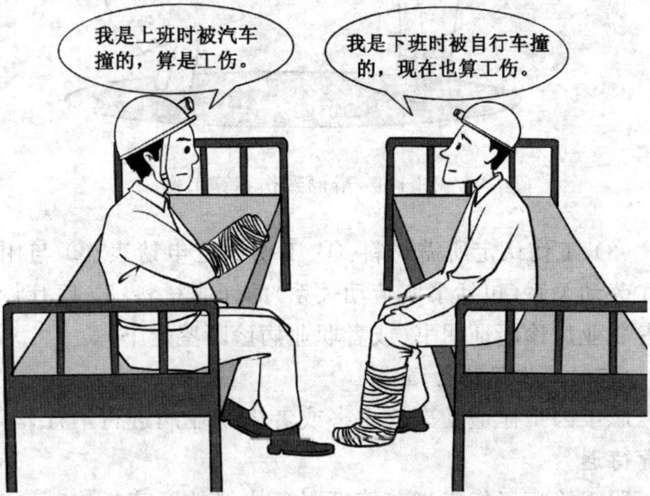

图 1-8　上下班途中的工伤

职工有下列情形之一的，视同工伤：① 在工作时间和工作岗位，突发疾病死亡或者在 48 h 之内经抢救无效死亡的；② 在抢险救灾等维护国家利益、公共利益活动中受到伤害的；③ 职工原在军队服役，因战、因公负伤致残，已取得革命伤残军人证，到用人单位后旧伤复发的。

(2) 不能认定为工伤的情况：① 故意犯罪的；② 醉酒或者吸

毒的(图 1-9)；③ 自残或者自杀的。

图 1-9　醉酒致伤不算工伤

(3) 工伤认定所需材料：① 工伤认定申请表；② 与用人单位存在劳动关系(包括事实劳动关系)的证明材料；③ 医疗诊断证明或者职业病诊断证明书(或者职业病诊断鉴定书)。

(三) 工伤保险待遇

职工因工作遭受事故伤害或者患职业病进行治疗，享受工伤医疗待遇。

职工治疗工伤应当在签订服务协议的医疗机构就医，情况紧急时可以先到就近的医疗机构急救。

治疗工伤所需费用符合工伤保险诊疗项目目录、工伤保险药品目录、工伤保险住院服务标准的，从工伤保险基金支付。

职工住院治疗工伤的伙食补助费，以及经医疗机构出具证明，报经办机构同意，工伤职工到统筹地区以外就医所需的交通、食宿费用从工伤保险基金支付，基金支付的具体标准由统筹地区人民政府规定。

工伤职工到签订服务协议的医疗机构进行工伤康复的费用，

符合规定的，从工伤保险基金支付。

工伤职工因日常生活或者就业需要，经劳动能力鉴定委员会确认，可以安装假肢、矫形器、假眼、假牙和配置轮椅等辅助器具，所需费用按照国家规定的标准从工伤保险基金支付。

职工因工作遭受事故伤害或者患职业病需要暂停工作接受工伤医疗的，在停工留薪期内，原工资福利待遇不变，由所在单位按月支付。停工留薪期一般不超过12个月。伤情严重或者情况特殊的，经设区的市级劳动能力鉴定委员会确认，可以适当延长，但延长不得超过12个月。工伤职工评定伤残等级后，停发原待遇，按照《工伤保险条例》的有关规定享受伤残待遇。工伤职工在停工留薪期满后仍需治疗的，继续享受工伤医疗待遇。

生活不能自理的工伤职工在停工留薪期需要护理的，由所在单位负责。工伤职工已经评定伤残等级并经劳动能力鉴定委员会确认需要生活护理的，从工伤保险基金按月支付生活护理费。生活护理费按照生活完全不能自理、生活大部分不能自理或者生活部分不能自理三个不同等级支付，其标准分别为统筹地区上年度职工月平均工资的50%、40%或者30%。

【案例1-1】 2010年7月，郭××受雇在××煤矿从事井下掘进工作，2011年12月15日，郭××在工作中被煤矸石砸伤右腿部、左手部。郭××伤后在医院住院共计105天，花费医疗费用5715.08元，其余医疗费用均已由××煤矿支付。2012年2月10日经司法鉴定中心鉴定郭××右下肢膝关节伤残等级为四级、左桡骨伤残等级为九级；2012年3月3日经×县人力资源和社会保障局认定为工伤；2012年10月18日经×市劳动能力鉴定委员会鉴定为伤残四级（花费鉴定费496元）。2012年11月14日，双方因工伤保险待遇达不成一致意见，郭××向劳动争议仲裁委员会提出仲裁申请，劳动争议仲裁委员会做出了裁决书，××煤矿一次性支付给郭××工伤待遇总计241620元。郭××不服，诉至法院。

最终法院判决，由该煤矿向郭××支付一次性工伤保险长期待遇、停工留薪工资、住院期间伙食补助费、住院期间护理费、交通费等合计420113.08元。

四、《生产安全事故应急条例》

2019年3月1日国务院公布了《生产安全事故应急条例》，自2019年4月1日起施行。《生产安全事故应急条例》是第一部专门针对生产安全事故应急工作的行政法规。它作为实施《安全生产法》《突发事件应对法》的重要支撑，其颁布实施必将全面提高我国生产安全事故应急工作的法治水平和应急能力。针对生产经营单位的事故应急工作，它明确了三项制度、一个机制和四个方面应急管理保障要求：应急预案制度、定期应急演练制度和应急值班制度，第一时间应急响应机制，人员、物资、科技和信息化四个方面应急管理保障要求。

第四节　煤矿安全生产主要部门规章

一、《煤矿安全规程》

修订后的《煤矿安全规程》自2022年4月1日起施行，制定《煤矿安全规程》的目的是保障煤矿安全生产和从业人员人身安全与健康，防止煤矿事故与职业危害。

《煤矿安全规程》以安全生产法律法规为依据，坚持煤矿安全生产方针，以先进的科学技术为导向，以安全生产实践为基础，结合我国煤矿技术和装备水平的实际情况，逐步趋于完善和科学，具有权威性、强制性、实用性、规范性和可操作性等特点，是煤矿企业必须遵守的法定规程。

《煤矿安全规程》规定煤矿企业必须遵守有关安全生产的法律、法规、规章、规程、标准和技术规范，建立各类人员安全生产责任制；明确了职工有权制止违章作业、拒绝违章指挥。井工部分包括矿井建设、开采、“一通三防”管理、提升运输管理、机电管理，以及爆破作业涉及的安全生产行为标准。露天部分规范了采剥、运输、排土、滑坡和水火防治、电气及设备检修标准。职业危害部分规定了必须做好职业危害的防治与管理工作，以及职业卫生劳动保护工作，使职工健康得到保护。煤矿从业人员应当在日常工作中坚持学规程、用规程，不能等到出了事故才想起学习规程(图 1-10)。

图 1-10　学习规程

二、《煤矿防治水细则》

修订后的《煤矿防治水细则》自 2018 年 9 月 1 日起施行。

煤矿防治水工作应当坚持预测预报、有疑必探、先探后掘、先治后采的原则，根据不同水文地质条件，采取探、防、堵、疏、排、截、监等综合防治措施。

煤矿主要负责人必须赋予调度员、安检员、井下带班人员、班组长等相关人员紧急撤人的权力，发现突水征兆、极端天气可能导致淹井等重大险情，立即撤出所有受水患威胁地点的人员，在原因未查清、隐患未排除之前，不得进行任何采掘活动。

煤炭企业、煤矿应当组织开展水害应急预案、应急知识、自救互救和避险逃生技能的培训，使矿井管理人员、调度室人员和其他相关作业人员熟悉预案内容、应急职责、应急处置程序和措施。

三、《防治煤与瓦斯突出细则》

修订后的《防治煤与瓦斯突出细则》自 2019 年 10 月 1 日起施行。煤矿企业主要负责人、矿长是本单位防突工作的第一责任人。有突出矿井的煤矿企业、突出矿井应当设置防突机构，建立健全防突管理制度和各级岗位责任制。

突出矿井必须编制突出事故应急预案。突出煤层每个采掘工作面开始作业后10天内应当进行1次突出事故逃生、救援演习,以后每半年至少进行1次逃生演习,但当安全设施或者作业人员发生较大变化时必须进行1次逃生演习。

突出矿井的管理人员和井下工作人员必须接受防突知识培训,经考试合格后方可上岗作业。突出矿井井下工作人员的培训包括防突基本知识以及与本岗位相关的防突规章制度。

四、《防治煤矿冲击地压细则》

修订后的《防治煤矿冲击地压细则》自2018年8月1日起施行。

冲击地压矿井必须编制冲击地压事故应急预案,且每年至少组织一次应急预案演练。

人员进入冲击地压危险区域时必须严格执行“人员准入制度”。准入制度必须明确规定人员进入的时间、区域和人数,井下现场设立管理站。进入严重(强)冲击地压危险区域的人员必须采取穿戴防冲服等特殊的个体防护措施,对人体的胸部、腹部、头部等主要部位加强保护。

冲击地压矿井必须制定采掘工作面冲击地压避灾路线,绘制井下避灾线路图。冲击地压危险区域的作业人员必须掌握作业地点发生冲击地压灾害的避灾路线以及被困时的自救常识。井下有危险情况时,班组长、调度员和防冲专业人员有权责令现场作业人员停止作业,停电撤人。

五、《煤矿防灭火细则》

为了加强煤矿防灭火工作,有效防控煤矿火灾事故,保障煤矿安全生产及从业人员生命安全和健康,2021年10月21日国家矿山安全监察局印发了《煤矿防灭火细则》,于2022年1月1日起开始实施。煤矿新工人应重点掌握《煤矿防灭火细则》中的如下内容:

(1) 煤矿企业、煤矿必须对从业人员进行防灭火教育和培训,定期对防灭火专业技术人员进行培训，提高其防灭火工作技能和有效处置火灾的应急能力。

(2) 井下严格实行明火管制，并符合下列规定：

① 严禁在采掘工作面进行电焊、气割等动火作业。

② 严禁携带烟草和点火物品，严禁穿化纤衣服入井。

③ 井下严禁使用灯泡取暖和使用电炉。

④ 井下爆破作业时，应当按照矿井瓦斯等级选用煤矿许用炸药和雷管，并严格按施工工艺进行爆破。

⑤ 井口和井下电气设备必须装设防雷击和防短路的保护装置。

(3) 井下和井口房内不得进行电焊、气焊和喷灯焊接等作业。如果必须在井下主要硐室、主要进风井巷和井口房内进行电焊、气焊和喷灯焊接等工作，每次必须制定安全措施，由矿长批准并遵守下列规定：

① 指定专人在场检查和监督。

② 电焊、气焊和喷灯焊接等工作地点的前后两端各 10 m 的井巷范围内，应当采用不燃性材料支护，并有供水管路，有专人负责喷水，焊接前应当清理或者隔离焊碴飞溅区域内的可燃物。上述工作地点应当至少备有 2 个灭火器。

③ 在井口房、井筒和倾斜巷道内进行电焊、气焊和喷灯焊接等工作时，必须在工作地点的下方用不燃性材料设施接受火星。

④ 电焊、气焊和喷灯焊接等工作地点的风流中，甲烷浓度不得超过 0.5%，且在检查证明作业地点附近 20 m 范围内巷道顶部和支护背板后无瓦斯积存时，方可进行作业。

⑤ 电焊、气焊和喷灯焊接等作业完毕后，作业地点应当再次用水喷洒，并有专人在作业地点检查 1 h，发现异常，立即处理。

⑥ 煤与瓦斯突出矿井井下进行电焊、气焊和喷灯焊接时，必须停止突出煤层的掘进、回采、钻孔、支护以及其他所有扰动突出

煤层的作业。

⑦ 严禁不具备资质条件的电焊(气割)工入井动火作业。在井口和井筒内动火作业时,必须撤出井下所有作业人员。在主要进风巷动火作业时,必须撤出回风侧所有人员。

煤层中未采用砌碹或者喷浆封闭的主要硐室和主要进风大巷中,不得进行电焊、气焊和喷灯焊接等工作。

(4) 井下使用的汽油、柴油、煤油必须装入盖严的铁桶内,由专人押运送至使用地点,剩余的汽油、煤油必须运回地面,严禁在井下存放。

井下使用柴油机车,如确需在井下贮存柴油的,必须设有独立通风的专用贮存硐室,并制定安全措施。井下柴油最大贮存量不得超过矿井3天柴油需要量。专用贮存硐室应当满足井下机电设备硐室的安全要求。

井下使用的润滑油、棉纱、布头和纸等,必须存放在盖严的铁桶内。使用后的棉纱、布头和纸,也必须放在盖严的铁桶内,并由专人定期送到地面处理,不得乱放乱扔。严禁将剩油、废油泼洒在井巷或者硐室内。

井下清洗风动工具时,必须在专用硐室内进行,并使用不燃性和无毒性洗涤剂。

(5) 井下爆炸物品库、机电设备硐室、检修硐室、材料库、井底车场、使用带式输送机或者液力偶合器的巷道以及采掘工作面附近的巷道中,必须备有灭火器材,其数量、规格和存放地点,应当在灾害预防和处理计划中确定,宜配备自动灭火装置。

井下工作人员必须熟悉灭火器材的使用方法和本职工作区域内灭火器材的存放地点。

六、《煤矿安全培训规定》

修订后的《煤矿安全培训规定》自2018年3月1日起施行。制定《煤矿安全培训规定》的目的是加强和规范煤矿安全培训工作，提高从业人员的安全素质，防止和减少伤亡事故（图 1-11）。

图 1-11　培训减少伤亡

国家鼓励煤矿企业变招工为招生。煤矿企业新招井下从业人员，优先录用技工学校或者中专学校煤矿相关专业的毕业生。煤矿从业人员应当符合下列基本条件：① 身体健康，无职业禁忌症；② 年满 18 周岁且不超过国家法定退休年龄；③ 具有初中及以上文化程度。

煤矿企业不得安排未经安全培训合格的人员从事生产作业活动。一般从业人员应当接受与其工作岗位相应的安全培训，经培训合格后，方可上岗作业。煤矿从业人员调整工作岗位或者离开本岗位 1 年以上（含 1 年）重新上岗前，应当重新接受安全培训；经培训合格后，方可上岗作业。

煤矿首次采用新工艺、新技术、新材料或者使用新设备的，应当对相关岗位从业人员进行专门的安全培训；经培训合格后，方可上岗作业。

煤矿企业是安全培训的责任主体，应当依法对从业人员进行安全生产教育和培训，提高从业人员的安全生产意识和能力。

煤矿企业主要负责人对本企业从业人员安全培训工作全面负责。

煤矿企业应当建立健全从业人员安全培训档案，实行一人一档。煤矿企业从业人员安全培训档案的内容包括：学员登记表，包括学员的文化程度、职务、职称、工作经历、技能等级晋升等情况；身份证复印件、学历证书复印件；历次接受安全培训、考核的情况；安全生产违规违章行为记录，以及被追究责任，受到处分、处理的情况；其他有关情况。

煤矿企业应当对其他从业人员进行安全培训，保证其具备必要的安全生产知识、技能和事故应急处理能力，知悉自身在安全生产方面的权利和义务。

煤矿企业或者具备安全培训条件的机构应当按照培训大纲对其他从业人员进行安全培训。煤矿企业其他从业人员的初次安全培训时间不得少于 72 学时，每年再培训的时间不得少于 20 学时，初次培训和再培训都是脱产培训，不得以班前（后）会等形式代替。

煤矿企业新上岗的井下作业人员安全培训合格后，应当在有经验的工人师傅带领下，实习满 4 个月，并取得工人师傅签名的实习合格证明后，方可独立工作。工人师傅一般应当具备中级工以上技能等级、3 年以上相应工作经历和没有发生过违章指挥、违章作业、违反劳动纪律等条件。

七、《煤矿重大事故隐患判定标准》

修订后的《煤矿重大事故隐患判定标准》自 2021 年 1 月 1 日起施行。制定该标准的目的是准确认定、及时消除煤矿重大生产安全事故隐患。该标准与现行的煤矿安全规定和工作实际相衔接，最大限度地减少了引用标准判定重大事故隐患时的自由裁量权，提高了判定的可操作性。

煤矿重大事故隐患包括以下 15 个方面：

（1）超能力、超强度或者超定员组织生产。

（2）瓦斯超限作业。

（3）煤与瓦斯突出矿井，未依照规定实施防突出措施。

（4）高瓦斯矿井未建立瓦斯抽采系统和监控系统，或者系统不能正常运行。

（5）通风系统不完善、不可靠。

（6）有严重水患，未采取有效措施。

（7）超层越界开采。

（8）有冲击地压危险，未采取有效措施。

（9）自然发火严重，未采取有效措施。

（10）使用明令禁止使用或者淘汰的设备、工艺。

（11）煤矿没有双回路供电系统。

（12）新建煤矿边建设边生产，煤矿改扩建期间，在改扩建的区域生产，或者在其他区域的生产超出安全设施设计规定的范围和规模。

（13）煤矿实行整体承包生产经营后，未重新取得或者及时变更安全生产许可证而从事生产，或者承包方再次转包，以及将井下采掘工作面和井巷维修作业进行劳务承包。

（14）煤矿改制期间，未明确安全生产责任人和安全管理机构，或者在完成改制后，未重新取得或者变更采矿许可证、安全生产许可证和营业执照。

（15）其他重大事故隐患。

煤矿新工人应当熟悉本工种岗位重大事故隐患的判定标准，能够及时发现、如实上报工作场所存在的重大事故隐患。

八、《煤矿领导带班下井及安全监督检查规定》

修订后的《煤矿领导带班下井及安全监督检查规定》自 2015 年 7 月 1 日起施行。

煤矿是落实领导带班下井制度的责任主体，每班必须有矿领导带班下井，并与工人同时下井、同时升井。

煤矿应当建立健全领导带班下井制度，并严格考核。带班下井制度应当明确带班下井人员、每月带班下井个数、在井下工作时间、带班下井任务、职责权限、群众监督和考核奖惩等内容。煤矿主要负责人每月带班下井不得少于5个。煤矿领导带班下井制度应当按照煤矿的隶属关系报所在地煤炭行业管理部门，同时抄送煤矿安全监管部门和驻地煤矿安全监察机构。煤矿应当建立领导带班下井档案管理制度。煤矿没有领导带班下井的，煤矿从业人员有权拒绝下井作业，煤矿不得因此降低从业人员工资、福利等待遇或者解除与其订立的劳动合同。多年的实践经验表明，领导带班与工人同时下井，有利于发现现场的安全问题，减少事故发生（图1-12）。

图1-12　领导带班下井

九、《煤矿生产安全事故报告和调查处理规定》

《煤矿生产安全事故报告和调查处理规定》自2008年12月11日起施行。制定该规定的目的是规范煤矿生产安全事故报告和调查处理，落实事故责任追究，防止和减少煤矿生产安全事故。

根据事故造成的人员伤亡或者直接经济损失，煤矿事故分为以下等级：

(1) 特别重大事故，是指造成30人以上死亡，或者100人以上重伤，或者1亿元以上直接经济损失的事故。

(2) 重大事故，是指造成10人以上30人以下死亡，或者50人以上100人以下重伤，或者5000万元以上1亿元以下直接经济损失的事故。

(3) 较大事故，是指造成3人以上10人以下死亡，或者10人以上50人以下重伤，或者1000万元以上5000万元以下直接经济损失的事故。

(4) 一般事故，是指造成3人以下死亡，或者10人以下重伤，或者1000万元以下直接经济损失的事故。

(1)～(4)中所称的"以上"包括本数，所称的"以下"不包括本数。

煤矿发生事故后，事故现场有关人员应当立即报告煤矿负责人；煤矿负责人接到报告后，应当于1 h内报告事故发生地县级以上人民政府安全生产监督管理部门、负责煤矿安全生产监督管理的部门和驻地煤矿安全监察机构．情况紧急时，事故现场有关人员可以直接向事故发生地县级以上人民政府安全生产监督管理部门、负责煤矿安全生产监督管理的部门和煤矿安全监察机构报告。事故报告应当及时、准确、完整，任何单位和个人不得迟报、漏报、谎报或者瞒报事故(图1-13)。

事故发生后，有关单位和人员应当妥善保护事故现场以及相关证据。任何单位和个人不得破坏事故现场、毁灭证据。

十、《煤矿作业场所职业病危害防治规定》

修订后的《煤矿作业场所职业病危害防治规定》自2015年4月1日起施行。制定该规定的目的是加强煤矿作业场所职业病危害的防治工作，强化煤矿企业职业病危害防治主体责任，预防、控

图 1-13　不得瞒报事故

制职业病危害,保护煤矿劳动者健康。该规定包括职业病危害防治管理,建设项目职业病防护设施,职业病危害项目申报,职业健康监护,粉尘、噪声、热害和职业毒害的防治等内容。

煤矿是职业病危害防治的责任主体;职业病危害防治应坚持以人为本、预防为主、综合治理的方针,按照源头治理、科学防治、严格管理、依法监督的要求开展工作,且不可等发现病患再进行治理;煤矿应当建立健全职业病危害防治领导机构,制定职业病危害防治规划,明确职责分工和落实工作经费,加强职业病危害防治工作;煤矿应当设置或者指定职业病危害防治的管理机构,配备专职职业卫生管理人员,负责职业病危害防治日常管理工作。

煤矿应当履行职业病危害告知义务,与劳动者订立或者变更劳动合同时,应当将作业过程中可能产生的职业病危害及其后果、防护措施和相关待遇等如实告知劳动者,并在劳动合同中载明,不得隐瞒或者欺骗。

煤矿应当对劳动者进行上岗前、在岗期间的定期职业病危害防治知识培训，督促劳动者遵守职业病防治法律、法规、规章、标准和操作规程，指导劳动者正确使用职业病防护设备和个体防护用品。上岗前培训时间不少于 4 学时，在岗期间的定期培训时间每年不少于 2 学时。

第五节　劳动合同与劳动保护

我国现行的劳动用工制度是劳动合同制。劳动合同制是通过订立劳动合同来确立和调整用人单位与劳动者之间的劳动关系的一种用工制度。依据这种制度，用人单位在招收录用劳动者时，必须按照国家法律法规和政策订立劳动合同。劳动合同可以分为 3 类：固定期限劳动合同、无固定期限劳动合同和以完成一定工作任务为期限的劳动合同。

一、劳动合同

（一）*劳动合同的订立*

《劳动法》第十七条规定，订立和变更劳动合同，应当遵循平等自愿、协商一致的原则，不得违反法律、行政法规的规定。

动画

（1）平等，是指用人单位（煤矿企业，下同）与劳动者（职工，下同）之间法律地位完全平等。

（2）自愿，是指用人单位和劳动者在自由表达各自真实意愿的基础上签订的劳动合同。

（3）协商一致，是指用人单位和劳动者一起对劳动合同的各项条款，经过充分协商，取得完全一致意见时，才能订立劳动合同。

（4）劳动合同订立必须符合法定程序。用人单位自用工之日起超过 1 个月不满 1 年未与劳动者订立书面劳动合同的，应当向劳动者每月支付 2 倍的工资。用人单位违反《劳动合同法》规定不与劳动者订立无固定期限劳动合同的，自应当订立无固定期限劳动合同之日起向劳动者每月支付2倍的工资(图1-14)。

图1-14　及时签订劳动合同

（二）劳动合同的内容

劳动合同的内容,是指合同中需要确定的劳动合同双方当事人的权利、义务及相关事项,包括法定条款和约定条款两部分。

《劳动法》第十九条规定:劳动合同应当以书面形式订立,并具备以下条款:① 劳动合同期限;② 工作内容;③ 劳动保护和劳动条件;④ 劳动报酬;⑤ 劳动纪律;⑥ 劳动合同终止的条件;⑦ 违反劳动合同的责任。劳动合同除前款规定的必备条款外,当事人可以协商约定其他内容。

此外,《劳动法》第二十一条规定:劳动合同可以约定试用期。试用期最长不得超过六个月。

用人单位提供的劳动合同文本未载明本法规定的劳动合同必备条款或者用人单位未将劳动合同文本交付劳动者的,由劳动行政部门责令改正;对劳动者造成损害的,应当承担赔偿责任。

（三）劳动合同的解除

劳动合同的解除必须满足如下条件:

(1) 双方自愿。

(2) 平等协商。

（3）不得损害一方利益。

《劳动法》第二十五条规定：劳动者有下列情形之一的，用人单位可以解除劳动合同：

（1）在试用期间被证明不符合录用条件的。

（2）严重违反劳动纪律或者用人单位规章制度的。

（3）严重失职，营私舞弊，对用人单位利益造成重大损害的。

（4）被依法追究刑事责任的。

《劳动法》第二十六条规定：有下列情形之一的，用人单位可以解除劳动合同，但是应当提前三十日以书面形式通知劳动者本人：

（1）劳动者患病或者非因工负伤，医疗期满后，不能从事原工作也不能从事由用人单位另行安排的工作的。

（2）劳动者不能胜任工作，经过培训或者调整工作岗位，仍不能胜任工作的。

（3）劳动合同订立时所依据的客观情况发生重大变化，致使原劳动合同无法履行，经当事人协商不能就变更劳动合同达成协议的。

《劳动法》第二十七条规定：用人单位濒临破产进行法定整顿期间或者生产经营状况发生严重困难，确需裁减人员的，应当提前三十日向工会或者全体职工说明情况，听取工会或者职工的意见，经向劳动行政部门报告后，可以裁减人员。用人单位依据本条规定裁减人员，在六个月内录用人员的，应当优先录用被裁减的人员。

《劳动法》第二十九条规定：劳动者有下列情形之一的，用人单位不得依据本法第二十六条、第二十七条的规定解除劳动合同：

（1）患职业病或者因工负伤并被确认丧失或者部分丧失劳动能力的。

（2）患病或者负伤，在规定的医疗期内的。

（3）女职工在孕期、产期、哺乳期内的。

（4）法律、行政法规规定的其他情形。

《劳动法》第三十一条规定：劳动者解除劳动合同，应当提前三十日以书面形式通知用人单位。

《劳动法》第三十二条规定：有下列情形之一的，劳动者可以随时通知用人单位解除劳动合同：

(1) 在试用期内的。

(2) 用人单位以暴力、威胁或者非法限制人身自由的手段强迫劳动的。

(3) 用人单位未按照劳动合同约定支付劳动报酬或者提供劳动条件的。

(四) 违反劳动合同行为的处理

依据《劳动法》规定，违反劳动合同应承担的法律责任主要包括经济责任、行政责任及刑事责任。

(1) 因违反劳动合同，给对方造成经济损失的，应根据其后果和责任的大小予以赔偿。

(2) 劳动者违反劳动纪律和用人单位规章制度，应接受本单位的批评和教育，以及适当的行政处分。

(3) 用人单位违反劳动法规或劳动合同，造成事故，使劳动者的生命、财产遭受损失的，应追究用人单位的行政责任；损害劳动者身体健康的，应负责给予治疗，并向致病致残者支付各项用人费用；触犯刑律，构成犯罪的，由司法机关追究刑事责任。

【案例 1-2】 张×自 2007 年 9 月 3 日在××煤矿从事井下工作，双方签订劳动合同，期限至 2017 年 12 月 31 日。2013 年 8 月 27 日，××煤矿根据《中华人民共和国劳动合同法》和《关于印发××公司劳动合同管理暂行办法的通知》(〔2009〕38 号文件)中"一年内累计旷工超过 30 天的，用人单位可以解除劳动合同"等有关规定，以准备队职工张×2013 年 1—7 月累计旷工 31 天(严重违反劳动纪律)为由，在征求矿工会同意后，经矿长办公会研究，决定解除张×的劳动合同。

2013 年 11 月 25 日，张×向一审法院提起诉讼。张×向一审法院提交了××煤矿电子到工记录表，该记录表加盖了××煤矿准备队的印章。该记录表记载了张×2013年1—7月累计旷工29天。

法院经过一审、二审最终判决，××煤矿以张×违反了〔2009〕38号文件的规定，一年内累计旷工超过30天为由解除劳动关系不合法，恢复原告张×与被告××煤矿的劳动关系。案件受理费10元，由被告××煤矿负担。

二、劳动保护

煤矿井下的作业环境复杂，主要表现为劳动条件艰苦、生产工艺复杂、自然灾害严重，因此应加强煤矿工人的劳动保护。劳动保护包括劳动安全、劳动卫生、工时休息和女职工及未成年工保护等。

（一）相关法律规定

劳动保护，就是依靠科技进步和先进的管理，采取技术和组织措施，消除劳动过程中危及人身安全和健康的不良行为和条件，防止伤亡事故和职业危害，保障劳动者在劳动时的安全和健康。

《宪法》第四十二条规定：中华人民共和国公民有劳动的权利和义务。国家通过各种途径，创造劳动就业条件，加强劳动保护，改善劳动条件，并在发展生产的基础上，提高劳动报酬和福利待遇。国家对就业前的公民进行必要的劳动就业训练。

《煤炭法》第八条规定：各级人民政府及其有关部门和煤矿企业必须采取措施加强劳动保护，保障煤矿职工的安全和健康。国家对煤矿井下作业的职工采取特殊保护措施。

《煤炭法》第三十七条规定：煤矿企业应当依法为职工参加工伤保险，缴纳工伤保险费。鼓励企业为井下作业职工办理意外伤害保险，支付保险费。

《劳动法》对我国劳动者的工作时间和休息休假进行了明确规定，也对我国劳动者与用人单位签订劳动合同进行了规定。《煤炭法》和《安全生产法》等法律也对煤矿职工的劳动保护用品的发放和使用进行了相应的规定。

对于女职工和未成年工等弱势群体，煤矿生产安全管理中应予以特别关照。

（二）未成年工和女职工保护

《劳动法》规定：禁止用人单位招用未满十六周岁的未成年人。未成年工是指年满十六周岁未满十八周岁的劳动者。国家对女职工和未成年工实行特殊劳动保护，禁止未成年工和女职工从事矿山井下劳动。

不得安排未成年人从事有毒有害、国家规定的第四级体力劳动强度的劳动和其他禁忌从事的劳动。用人单位不得安排未成年工从事接触职业病危害的作业。

禁止安排女职工从事国家规定的第四级体力劳动强度的劳动和其他禁忌从事的劳动。不得安排女职工在哺乳未满一周岁的婴儿期间从事国家规定的第三级体力劳动强度的劳动和哺乳期禁忌从事的其他劳动，不得安排其延长工作时间和夜班劳动。用人单位不得安排孕期、哺乳期的女职工从事对本人和胎儿、婴儿有危害的作业。

第六节　煤矿常见违法行为与法律责任

法律责任是指违法者对其违法所造成的对社会和受害者的危害应承担的法律后果。

一、煤矿常见违法行为

根据《安全生产法》《矿山安全法》《煤炭法》《煤矿安全监察条例》等法律法规，煤矿生产中常见的违法行为有很多，列举如下：

（1）安全设施和条件不符合国家安全标准、行业安全标准、《煤矿安全规程》和行业技术规范。

（2）违章指挥、违章作业、违反劳动纪律等。

（3）超能力、超强度、超定员生产等。

（4）不如实告知作业场所职业危害因素。

(5) 使用不符合安全标准的设备、器材、仪器、仪表、防护用品等。

(6) 对重大事故预兆或者已发现的事故隐患不及时采取措施。

(7) 煤矿发生事故不按规定及时、如实上报。

(8) 未按规定进行安全教育和培训。

此外,看见别人违章不加制止,或者看见装没看见,听之任之,不加制止,这样的行为也属于违法行为。

二、法律责任

法律责任分为行政责任、民事责任和刑事责任。

(一) 行政责任

对个人安全生产违法行为行政处分的种类:警告、记过、记大过、降级、撤职、留用、开除。

(二) 民事责任

承担民事责任的方式:停止损害;排除妨碍;清除危险;返回财产;恢复原状;修理、重作、更换;赔偿损失;支付违约金;清除影响、恢复名誉;赔礼道歉。以上10种方式可以单独使用,也可以合并使用。安全生产违法现象所应承担的民事责任主要是赔偿损失。

(三) 刑事责任

《刑法》规定的安全生产犯罪主要有以下几种。

(1) 重大责任事故罪。在生产、作业中违反有关安全管理的规定,因而发生重大伤亡事故或者造成其他严重后果的,处三年以下有期徒刑或者拘役;情节特别恶劣的,处三年以上七年以下有期徒刑(图1-15)。

【案例1-3】 2016年7月29日20时许,白×在未认真检查本班现场安全状况、未及时发现刮板输送机机尾稳固支柱稳固性存在问题,且未取得操作证的情况下,开始生产作业。次日8时许,白×在点动刮板输送机时未发出信号,导致违章擅自提前进入

图 1-15　违法必被处罚

工作面，冒险翻越刮板输送机的采煤工张×被刮板输送机拱起的溜槽挤压至顶板受伤，后经抢救无效死亡。

法院审理认为，白×作为煤矿负责安全生产和安全监督检查的队长，未认真履行职责、违反安全生产管理规定，在未取得操作证的情况下违章作业，致使发生一人死亡的事故，其行为已构成重大责任事故罪。根据白×的犯罪情节、悔罪表现，综合被害人家属得到的赔偿情况，法院判决其有期徒刑 6 个月，缓刑 1 年。

(2) 强令、组织他人违章冒险作业罪。强令他人违章冒险作业，或者明知存在重大事故隐患而不排除，仍冒险组织作业，因而发生重大伤亡事故或者造成其他严重后果的，处五年以下有期徒刑或者拘役；情节特别恶劣的，处五年以上有期徒刑。

【案例 1-4】　2015 年 1 月 4 日，淮沪煤电有限公司××煤矿开拓二区 201 队喷浆班班长蒋×带领工人王××、魏××和邹×到××煤矿井下 63 号钻场喷浆作业。当班作业完成后，蒋×私自决定并强制工人王××、魏××和邹×违章冒险工作将63号钻场的叉车移动到62号钻场下方。在操作的过程中，未按照规定操作，叉车脱手下滑冲出轨道，致使工人吴××和盛×受伤，吴××经抢救无效死亡。

蒋×违反操作规定，强令他人违章冒险作业，发生一人死亡、两人受伤的重大伤亡事故，其行为构成强令、组织他人冒险作业罪，被判处有期徒刑两年。

(3) 危险作业罪。在生产、作业中违反有关安全管理的规定，有下列情形之一，具有发生重大伤亡事故或者其他严重后果的现实危险的，处一年以下有期徒刑、拘役或者管制：① 关闭、破坏直接关系生产安全的监控、报警、防护、救生设备、设施，或者篡改、隐瞒、销毁其相关数据、信息的；② 因存在重大事故隐患被依法责令停产停业、停止施工、停止使用有关设备、设施、场所或者立即采取排除危险的整改措施，而拒不执行的；③ 涉及安全生产的事项未经依法批准或者许可，擅自从事矿山开采、金属冶炼、建筑施工，以及危险物品生产、经营、储存等高度危险的生产作业活动的。

(4) 重大劳动安全事故罪。安全生产设施或者安全生产条件不符合国家规定，因而发生重大伤亡事故或者造成其他严重后果的，对直接负责的主管人员和其他直接责任人员，处三年以下有期徒刑或者拘役；情节特别恶劣的，处三年以上七年以下有期徒刑。

(5) 工程重大安全事故罪。建设单位、设计单位、施工单位、工程监理单位违反国家规定，降低工程质量标准，造成重大安全事故的，对直接责任人员，处五年以下有期徒刑或者拘役，并处罚金；后果特别严重的，处五年以上十年以下有期徒刑，并处罚金。

(6) 危险物品肇事罪。违反爆炸性、易燃性、放射性、毒害性、腐蚀性物品的管理规定，在生产、储存、运输、使用中发生重大事故，造成严重后果的，处三年以下有期徒刑或者拘役；后果特别严重的，处三年以上七年以下有期徒刑。

(7) 不报、谎报安全事故罪。在安全事故发生后，负有报告职责的人员不报或者谎报事故情况，贻误事故抢救，情节严重的，处三年以下有期徒刑或者拘役；情节特别严重的，处三年以上七年以下有期徒刑。

【案例 1-5】 2017 年 9 月 16 日，黑龙江××煤矿生产矿长贾××、矿长杜×违反监管部门的指令，在停产等待复工期间对巷道进行维修，发生顶板冒落事故，造成荆××死亡。该煤矿负责人刘××决定瞒报事故。

被告人贾××、杜×、刘××均系对煤矿生产负有组织、指挥、管理的人员，在煤矿生产中违反相关安全规定，发生重大伤亡事故，致一人死亡，并瞒报事故，3 名被告人的行为均已构成重大责任事故罪，并根据各被告人的犯罪事实、性质、情节和对社会的危害程度，对 3 名被告人分别判处 8～10 个月不等的有期徒刑。

第七节　煤矿从业人员安全生产的权利和义务

《安全生产法》等法律规定了煤矿从业人员在安全生产方面的权利和义务。煤矿从业人员在享受安全生产的权利的同时，必须履行安全生产的义务。

一、煤矿从业人员安全生产的权利

安全生产的权利包括以下几个方面。

(一) 安全生产保障权

煤矿与从业人员订立的劳动合同，应当载明有关保障从业人员劳动安全、防止职业危害的事项，以及依法为从业人员办理工伤保险的事项。

动画

(二) 工伤保险和伤亡求偿权

因生产安全事故受到损害的从业人员，除依法享有工伤保险外，依照有关民事法律尚有获得赔偿的权利的，有权向本单位提出赔偿要求(图 1-16)。煤矿不得以任何形式与从业人员订立协议,免除或者减轻其对从业人员因生产安全事故伤亡依法应承担的责任。

图 1-16　依法赔偿

(三) 安全生产知情权和建议权

煤矿从业人员有权了解其作业场所和工作岗位存在的危险因素、防范措施及事故应急措施,有权对本单位的安全生产工作提出建议。

(四) 批评、检举、控告权

煤矿从业人员有权对本单位安全生产工作中存在的问题提出批评、检举、控告。

(五) 拒绝违章指挥和强令冒险作业权

违章指挥是指煤矿管理人员违反安全生产的法律法规和有关安全规程、规章制度的规定,指挥职工进行作业的行为。

强令冒险作业是指煤矿管理人员明知开始或继续作业可能会有重大危险,仍然强迫职工进行作业的行为。

违章指挥、强令冒险作业违背了安全生产方针,侵犯了从业人员的合法权益,从业人员有权拒绝。煤矿不得因从业人员对本单位安全生产工作提出批评、检举、控告或者拒绝违章指挥、强令冒险作业而降低其工资、福利等待遇或者解除与其订立的劳动合同。

(六) 紧急情况下停止作业或紧急撤离权

从业人员发现直接危及人身安全的紧急情况时,有权停止作业或者在采取可能的应急措施后撤离作业场所。

煤矿不得因从业人员在紧急情况下停止作业或者采取紧急撤离措施而降低其工资、福利等待遇或者解除与其订立的劳动合同。

(七) 安全生产教育培训权

煤矿企业应当对从业人员进行安全生产教育和培训(图 1-17),保证从业人员具备必要的安全生产知识,熟悉有关的安全生产规章制度和安全操作规程,掌握本岗位的安全操作技能。未经安全生产教育和培训合格的从业人员,不得上岗作业。

图 1-17　教育培训权利和义务

(八) 职业健康防治权

从事接触职业危害因素,可能导致职业病作业的职工,有权获得职业健康检查并了解检查结果。被诊断为职业病的职工有依法享受职业病待遇，接受治疗、康复和定期检查的权利。

（九）提请劳动争议处理权

当职工的劳动保护权益受到伤害，或者与用人单位因劳动保护问题发生纠纷时，有向有关部门提请劳动争议处理的权利。

二、煤矿从业人员安全生产的义务

煤矿从业人员安全生产的义务主要有以下 4 项：

（1）必须遵法守规，服从管理的义务。从业人员在作业过程中，应当严格遵守本单位的安全生产规章制度和操作规程，服从管理。

（2）爱护生产设备设施，正确佩戴和使用劳保用品的义务。

（3）接受安全生产教育和培训，掌握安全生产技能的义务。

（4）发现事故隐患或者其他不安全因素及时报告和及时处理的义务。

第二章 煤矿安全管理

第一节 煤矿安全管理机构与管理制度

为了贯彻国家关于煤矿安全管理的有关法律、法规、规程，切实搞好煤矿企业管理，煤矿必须建立安全管理机构并配备必要的安全管理人员，必须制定一系列具体的符合自身特点的切实可行的管理制度和规章制度。

一、煤矿安全管理机构

煤矿安全生产必须有组织上的保障，否则安全生产管理工作就无从谈起。组织保障包括两个方面：一是安全生产管理机构的保障，二是安全生产管理人员的保障。

（一）安全生产管理机构的作用

煤矿安全生产管理机构是指煤矿企业中专门负责安全生产监督管理的内设机构。安全生产管理人员是指在煤矿安全生产经营中从事安全生产管理工作的专职或兼职人员。

煤矿安全生产管理机构和安全生产管理人员的作用是落实国家有关煤矿安全生产的法律法规，组织煤矿企业内部各种安全检查活动，负责日常安全检查，及时整改各种事故隐患，监督安全生产责任制的落实，等等。

（二）安全生产管理机构及人员的设置要求

煤矿生产经营单位加强安全生产管理，应有必要的安全生产管理机构及人员。根据《安全生产法》规定，矿山、建筑施工单位和危险物品的生产、经营、储存单位以及从业人员超过300人的其他生产经营单位，应当设置安全生产管理机构或者配备专职的安全生产管理人员（图2-1）。

图2-1　煤矿安全管理机构

煤矿企业主要负责人，是指煤矿企业的董事长、总经理，矿务局局长，煤矿矿长等人员。

煤矿企业安全生产管理人员，是指煤矿企业分管安全、采煤、掘进、通风、机电、运输、地测、防治水、调度等工作的副董事长、副总经理、副局长、副矿长，总工程师、副总工程师和技术负责人，安全生产管理机构负责人及其管理人员，采煤、掘进、通风、机电、运输、地测、防治水、调度等职能部门（含煤矿井、区、科、队）负责人。

二、煤矿安全管理制度

（一）安全生产责任制

安全生产责任制是指煤矿企业的各级领导干部、工程技术人员、岗位操作人员都要牢固树立安全生产的思想，在各自的工作范围内，认真贯彻执行国家有关安全生产的方针、政策、法律、法规，对安全生产工作各司其职、各尽其责，确保安全生产。煤矿岗位安全生产责任制针对煤矿每一个人，人人有岗位，岗位有责任。

（二）安全目标管理制度

煤矿根据上级下达的安全指标，结合本单位的实际制定自己的安全指标，并将指标逐级分解，明确责任、保证措施、考核和奖惩办法。

（三）安全办公会议制度

安全办公会议制度是按一定的时间周期、内容、主持人、参加人员召开安全办公会议，有完整的记录，载明议定的事项、决议以及落实的人员、措施和期限。

（四）安全技术措施审批制度

安全技术措施编制和审批，必须符合有关法律法规的规定和要求，并遵守上级主管部门颁发的各种文件、指令和技术标准。

（五）安全隐患排查制度

安全隐患排查是综合运用各种管理方法和技术，对生产作业过程中存在的隐患进行识别、分析、评价、分级、监控和排除，以消灭和控制事故发生。

（六）劳动防护用品发放与管理制度

劳动防护用品是指由用人单位为劳动者配备的，使其在劳动过程中免遭或者减轻事故伤害及职业病危害的个体防护装备。用人单位应当健全管理制度，加强劳动防护用品配备、发放、使用等管理工作。

（七）矿用设备、器材使用管理制度

矿用设备、器材使用管理制度是保证在用设备、器材符合相关标准，保持完好状态；明确矿用设备、器材使用前的检测标准、程序、方法和检测单位、人员的资质；明确使用过程中的检验标准、周期、方法和校验单位、人员的资质；明确维修、更新和报废的标准、程序和方法。

（八）安全教育培训制度

安全教育培训是指对职工进行安全生产法律、法规及安全专业知识等方面的教育。

（九）安全监督检查制度

安全监督检查制度能有效地监督安全生产规章制度、规程、标准、规范等的执行情况，重点检查矿井“一通三防”的装备、管理情况，明确安全检查的周期、内容、标准、方式、负责部门和人员、检查结果的处理办法等。

（十）煤矿领导带班下井制度

煤矿主要负责人和管理人员带班下井制度，应明确带班下井人员的职责，确保每个班次至少有1名煤矿领导带班，与工人同上同下，在井下巡视检查。

此外，煤矿还应建立煤矿安全评价制度、安全奖惩制度、煤矿事故应急救援制度、安全投入保障制度等，共同构筑煤矿安全管理制度体系，确保煤矿安全生产。

第二节 矿规矿纪

矿规矿纪包括煤矿规章制度和劳动纪律。

一、煤矿规章制度

煤矿规章制度主要由煤矿“三大规程”、探放水制度、瓦斯检查制度等组成，煤矿从业人员根据自身岗位的特点，必须遵守。

煤矿“三大规程”是指《煤矿安全规程》、作业规程和操作规程。《煤矿安全规程》是国家煤炭行业技术规程，统揽全局；作业规程是煤矿为一个工作面生产而制定的具体的施工措施；操作规程是各个工种应遵循的规程。

动画

（一）《煤矿安全规程》

《煤矿安全规程》既有安全管理的内容，又有安全技术的内容。它是煤炭行业主管部门在安全管理、安全技术上的总规定，是煤矿职工从事煤矿生产和指挥生产最重要的行为规范。

《煤矿安全规程》具有强制性、科学性、规范性和稳定性，在煤矿安全生产中起到了重要的协调和保障作用。煤矿从业人员应重点掌握《煤矿安全规程》中与工作岗位对应的条款，并严格遵守。

（二）作业规程

作业规程是煤矿企事业单位为完成某项生产或建设工程，如为采煤工作面、掘进工作面的生产作业或某项机电安装工程等编制的作业行为规范。它是依据国家有关法律、法规和《煤矿安全规程》的规定，结合工程的具体情况，如采掘工作面的顶底板岩性、工作面地质条件等方面的实际情况编制的作业指导文件。因此，作业规程是煤矿生产建设的行为规范，具有法规性质，其作用是科学、安全地组织与指导生产施工，使工程达到安全、优质、高效、快速和低耗的效果。

采煤工作面作业规程的主要内容：概况、采煤方法、顶板控制、生产系统、劳动组织及主要技术经济指标、煤质管理、安全技术措施、灾害应急措施和避灾路线等。

掘进工作面作业规程的主要内容：概况、地面相对位置及地质情况、巷道布置及支护说明、施工工艺、生产系统、劳动组织及主要技术经济指标、安全技术措施、灾害应急措施和避灾路线等。

（三）操作规程

操作规程是煤矿企业或其主管部门根据《煤矿安全规程》和有关标准等文件的规定，结合岗位工人的工作环境条件及所用工具、设备等具体情况，以保证人员、设备的安全为目的而编制的。操作规程是指导岗位工人进行生产工艺操作的行为标准。操作规程对岗位工人生产作业中的具体操作程序、方法和安全注意事项等做了具体明确的规定。操作规程是岗位工人进行生产工艺操作的行为规范,具有法规性质。岗位工人只有严格按本岗位的操作规程工作,才能保证人员和设备、设施的安全,保证生产的正常进行。违反操作规程就可能导致事故和矿井重大灾害。因此,煤矿生产的各岗位工人都必须严格执行本岗位的操作规程。操作规程的内容一般包括4部分:一般规定,准备、检查和处理,操作和注意事项,收尾工作。

二、劳动纪律

劳动纪律是指人们在共同的劳动中必须遵守的规则和秩序。这种规则和秩序要求每个劳动者必须按规定的时间、程序和方法来完成自己所承担的生产和工作任务。劳动纪律是维持正常生产秩序、完成生产任务的需要,也是安全生产的需要。劳动纪律规定包括必须遵守的纪律规定和违反纪律的各项处分内容。

三、煤矿企业对违反矿规矿纪的处理

矿规矿纪是依据国家有关法律法规,结合煤矿自身的情况制定的,作用是约束和规范职工的各项生产作业,要求每位职工必须认真遵守。为了维护矿规矿纪的严肃性,督促职工严格遵守矿规矿纪,煤矿应当明确违反矿规矿纪的处理办法,依照处理办法对违反矿规矿纪的人员进行处理。对违反矿规矿纪的人员,一般有以下三类处理方法。

(一) 给予批评教育

对于轻微违反矿规矿纪的行为,应及时进行批评教育,指出所犯错误的性质和可能产生的后果,促使职工认识到自己的错误,自觉改正。批评教育可以采用个别谈话,一定范围的会议上指名或不指名批评,在一定范围内进行口头或书面检讨等形式。

(二) 经济处罚

职工违反矿规矿纪,造成了一定影响或不良后果,煤矿可以根据矿规矿纪的有关规定,对其进行经济处罚。其目的是让违纪者认识到自己错误的严重性,及时改正,避免再犯。

（三）给予刑事处罚

煤矿企业职工严重违反矿规矿纪,造成严重后果,触犯了刑律、构成犯罪,应交由司法机关给予刑事处罚。

第三节 煤矿“三违”及防范

一、“三违”的含义

动画

“三违”是指煤矿员工在生产建设中所发生或出现的违章指挥、违章作业和违反劳动纪律的现象及行为。任何人如果违反了其中的一项,就被称为“三违”人员。

“三违”现象及行为是导致煤矿事故发生的重要原因,严重威胁着煤矿的正常生产和员工的生命安全。据调查,90%以上的事故均是由人员“三违”造成的。因此,煤矿员工对“三违”现象和行为,绝不能宽容和忽视,要从自身做起,坚决与“三违”人员做斗争(图 2-2),确保安全生产。

二、“三违”的表现

（一）违章指挥的表现

凡违反党和国家的安全生产方针、政策、法令、条例、规程、制度和有关规定的,均属于违章指挥,主要表现如下:

(1) 不认真按照安全生产责任制的有关规定履行职责,对安全生产不负责任、官僚主义、玩忽职守、瞎指挥。

(2) 不按照安全教育规定对新工人、复工工人、换岗工人进行教育;对从事特种作业的工人(国家规定的特种作业人员)不进行专业培训和考核发证;在采用新工艺、新技术、新设备、新材料生产时,操作者未经教育培训;节假日加班加点不进行安全教育等。

图 2-2　拒绝违章指挥

（3）不按照要求及时传达贯彻上级有关安全生产方面的文件、规定、通知等。

（4）对劳动安全监察部门和上级有关管理部门已发出停止使用通知单的设备、设施，未消除隐患、擅自安排使用。

（5）已发现隐患或有重大事故预兆，不及时采取有效措施，放任自流或强制员工作业。

（6）多工种、多层次同时作业，现场无人指挥和监护，没有或不执行安全措施。

（7）发生工伤事故，不按照“四不放过”的原则认真接受教训和采取必要的防范措施，仍继续冒险作业。

（8）设备安装不按照技术标准和规定程序进行施工、检查、验收、移交，对在检查验收中提出的问题尚未解决就擅自投入使用。

（9）在事故隐患不排除、安全防护装置缺少或失灵的设备上，强行安排生产任务。

（10）特种设备不按照规定制造、购置、安装，防护缺损，带病使用。

其他违反有关法律法规明文规定的指挥行为。

（二）违章作业的表现

凡在劳动生产过程中违反国家颁布的各种法规性文件和企业、事业单位及其上级管理机关制定的各种规章制度，以及有关安全生产的通知、决定等均属于违章作业。

主要表现如下：

（1）操作错误，忽视安全警告。

（2）造成安全装置失效。

（3）使用不安全设备。

（4）以手代替工具操作。

（5）物体存放不当。

（6）冒险进入危险场所。

（7）攀坐不安全位置。

（8）起吊物下作业、停留。

（9）运转时操作机器。

（10）有分散注意力的行为。

（11）个人防护用品使用不当。

（12）着不安全装束。

（13）处理燃、爆物品错误。

（14）擅自动用未经检查、验收、移交或查封的设备和车辆，以及未经领导批准任意动用非本人操作的设备和车辆。

（15）不执行“危险作业申请单”所规定的安全防范措施，对领导的违章指挥盲目服从不加抵制。

（16）特种作业人员无证上岗，特种设备无证操作。特种设备和要害部门，不认真登记和交接班，擅自离岗或睡觉。

（17）井下作业过程中擅自卸下劳动保护用品。

(18) 违反其他法律、法规明文规定的行为。

(三) 违反劳动纪律的表现

违反劳动纪律的现象通常表现为：

(1) 不遵守劳动时间和单位的作息制度，旷工和无故迟到、早退。

(2) 工作不负责任，不坚守工作岗位，不服从分配和管理，消极怠工和玩忽职守，擅自脱离岗位、串岗、干私活、嬉戏打闹和打架斗殴等(图 2-3)。

图 2-3　不准打闹、嬉戏

(3) 不努力工作，完不成生产任务，保证不了生产质量。

(4) 在工作时间内不遵守生产和工作秩序，做与生产和工作无关的事情。

(5) 不严格遵守安全规程与作业规程，做不到安全生产。

(6) 不爱护国家财产和公共财物。

(7) 不遵守本单位其他有关劳动纪律的规定。

三、严重“三违”行为

（一）采煤专业严重“三违”行为

（1）采煤工作面空顶作业。

（2）违章进入采空区。

（3）爆破距离不够或爆破与其他工序平行作业距离达不到《煤矿安全规程》要求。

（4）采煤机、刮板输送机等设备检修时不停电闭锁。

（5）初放工作面特殊支护未按规定支设。

（6）初放工作面未经会审擅自放顶。

（7）工作面过断层等地质构造带未采取特殊支护或支护措施不按规定支设。

（二）掘进专业严重“三违”行为

（1）掘进、巷道修护时空顶作业。

（2）高瓦斯区域煤巷掘进工作面，使用钢丝绳牵引耙装机。

（3）使用不符合作业规程规定的支护材料。

（4）三、四岔门无专业设计、无专门措施施工。

（三）机电专业严重“三违”行为

（1）带电检修、搬迁电气设备、电缆和电线。

（2）将保护装置甩掉不用。

（3）强行送电或约时、约定信号停送电。

（4）井下打开电气设备前未检查瓦斯浓度。

（5）开关塞木楔或用铜、铝、铁丝代替保险丝。

（6）不停机、不停电处理故障或清理。

（7）在检修时不执行验电、放电制度，擅自启动机电设备。

（8）特种设备检修、检验不合格，强行使用。

（四）运输专业严重“三违”行为

（1）爬输送带、爬车、跳车、蹬钩头、乘刮板输送机。

（2）斜巷轨道行车时行人或行人时行车。

(3) 无措施用输送带或刮板输送机运送物料。

(4) 绞车司机违反“六不开”规定开车；挂钩工违反“六不挂”规定挂钩。

(5) 主要运输斜巷挡车装置和跑车防护装置不完善。

(6) 斜巷运输不按规定使用保险绳。

(7) 在架线下用肩扛可导电材料或在架线下装卸料未停电；在架线下横跨运输车辆。

(8) 斜巷绞车不带电送车、放飞车或无信号开车。

(9) 在矿车运行过程中摘挂钩。

(10) 携带爆炸物品人员与其他人员同坐一趟人行车。

(11) 人行车无跟车工。

(12) 主要运输斜巷无安全运行许可证组织生产或运行。

(五) 通防专业严重“三违”行为

(1) 作业地点风量不足强行生产、作业。

(2) 矿井、采区超通风能力生产(指一个采区同一个煤层内布置超过 3 个采煤工作面、5 个掘进头)。

(3) 矿井没有完整的独立通风系统，生产采区、生产水平未实现分区通风，采掘工作面未实现独立通风(经公司批准的除外)，采区进回风巷未贯穿整个采区，矿井通风系统不合理、不可靠，强行生产。

(4) 同时打开同一地点两道风门造成风流短路。

(5) 瓦斯检查员脱岗、空班、漏检、弄虚作假。

(6) 在瓦斯、一氧化碳等有毒、有害气体超限的地点及停风区域强行作业。

(7) 人为造成局部通风机无计划停风或任意开停通风机造成瓦斯超限。

(8) 采掘工作面干打眼(煤层水分化验取样打眼除外)。

(9) 无措施进入盲巷。

(10) 瓦斯检查员发现瓦斯超限时,不责令停止作业并撤出人员汇报处理或拒不执行瓦斯检查员撤人命令强行作业。

(11) 采煤工作面煤层未进行注水强行生产(经公司批准的除外)。

(12) 监测监控系统中一个及以上分站或全矿监测监控系统不正常在相关区域强行生产,发现火情或通防有严重隐患不及时组织处理和汇报。

(13) 排放瓦斯不执行"断电、撤人、限量"三原则或无相应的瓦斯排放措施。

(14) 救护队员无措施出动或出动人数不够。

(六) 共性部分严重"三违"行为

(1) 无安全措施安排生产。

(2) 安排未通过规程、措施学习考试的职工上岗作业。

(3) 安全设施不齐全,强令工人作业。

(4) 现场存在事故隐患尚未处理,强令工人作业。

(5) 特殊工种未经培训安排上岗。

(6) 酒后下井上岗。

(7) 固定岗位脱岗、串岗。

(8) 穿化纤衣服下井。

(9) 井下随便拆卸矿灯。

(10) 发生人身事故或非伤亡事故不及时汇报。

四、"三违"现象的防范措施

(1) 追查分析。由煤矿安监部门组织,相关部门领导、"三违"人员及单位负责人和发现"三违"人员参加,共同分析产生"三违"的各种原因,找出主要根源。

(2) 现身说法。"三违"人员在本单位安全活动时,结合自身"三违"事实,谈认识、谈体会,吸取教训,保证不再违章。这些均由各基层单位党政主管负责落实。

(3) 停班学习。停班学习的形式采取自学和集中学习相结合,集中学习由教培部门负责。

(4) 帮教提高。科级以上的领导、支部书记、工会女工协管对“三违”人员进行谈话,帮助“三违”人员提高思想认识。

(5) 行政处罚。按照企业文件规定的相关条款,对“三违”责任人进行处罚或处分。

(6) 公示。通过公示栏、局域网等形式公布“三违”人员名单(图 2-4)。

图 2-4 “三违”警示教育

(7) 媒体曝光。由企业宣传部门组织,通过企业内部新闻媒体对“三违”人员的追查、分析、处理进行曝光。

(8) 亲属签字。“三违”人员在停班学习期间,通过反思,写出安全保证书,家属或亲人在安全保证书上签名,由单位支部书记负责。

(9) 建档立卡。对各类“三违”人员由安监部门负责建立追查、处理档案，并记录清楚。

(10) 业务考试。停班学习期满前一天，由教育培训部门负责对“三违”人员进行业务知识考试，考试时严格按照教考分离的办法执行，考试不合格，将延长停班学习时间，直至考试合格后方可上岗。

第四节　井下安全设施与劳动防护用品

一、井下安全设施

井下安全设施是指在井下巷道、硐室等处安设的专门用于安全生产的装置和设备，其作用是防止事故发生或者缩小事故影响范围、减轻事故危害。为了使井下安全设施经常处于良好状态，煤矿工人必须爱护并维护井下安全设施，不随意触摸、移动甚至损坏井下安全设施。发现有损坏、移动等不正常现象时，应及时向有关部门和领导报告，以便及时进行处理。

(1) 防瓦斯安全设施。防瓦斯安全设施主要有瓦斯监测和自动报警断电装置等。其作用是监测周围环境空气中的瓦斯浓度，当瓦斯浓度超过规定的安全值时，会自动发出报警信号；当瓦斯浓度达到危险值时，会自动切断被测范围的电力电源，以防止瓦斯爆炸事故的发生。

(2) 通风安全设施。通风安全设施主要有局部通风机、风筒及风门、风窗、风墙、风障、风桥和栅栏等。

(3) 防灭火安全设施。防灭火安全设施主要有灭火器、灭火沙箱、铁锹、水桶、消防水管、防火铁门和防火墙。

(4) 防隔爆设施。防隔爆设施主要有防爆门、隔爆水袋、水槽、岩粉棚等。

(5) 防尘安全设施。防尘安全设施主要有喷雾洒水装置及系统。防尘安全设施主要安设在采掘工作面的回风巷以及煤仓放煤口、装煤(矸)点和输送机搭接处等地方。

(6) 防水安全设施。防水安全设施主要有水沟、排水管道、防水门、防水闸和防水墙等。其作用是防止矿井突然出水造成水害和控制水害影响范围。

(7) 提升运输安全设施。提升运输安全设施主要有罐门、罐帘、各种信号灯、电铃、阻挡车器。其作用是保证提升运输过程安全。

(8) 避难硐室。

二、劳动防护用品

劳动防护用品,是指保护劳动者在生产过程中的人身安全与健康所必备的一种防御性装备,对于减少职业危害起到相当重要的作用。煤矿企业必须为职工提供保障安全生产所需的劳动防护用品。煤矿从业人员必须正确佩戴和使用劳动防护用品,未按规定佩戴和使用劳动防护用品的,不得上岗作业。

矿工常用劳动防护用品主要包括如下几种(图 2-5)。

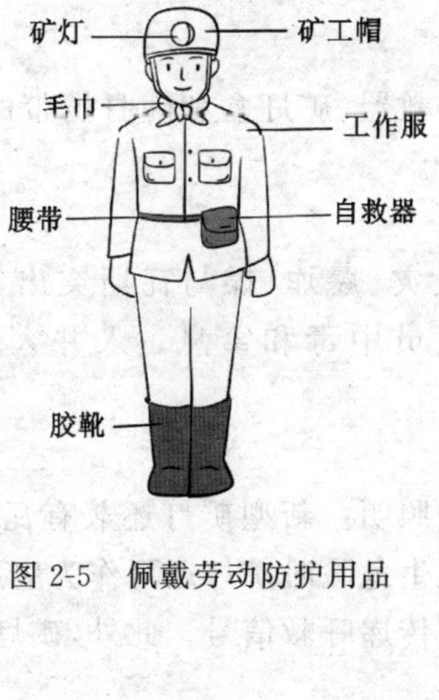

图 2-5　佩戴劳动防护用品

（一）工作服

因为井下气候潮湿，风流速度大、温度低，而且有大量矿尘，所以在作业时要穿坚固、保暖的工作服。注意穿戴整齐利索，袖口扎好，防止被转动的机器缠咬。如果工作地点有淋水或进行湿式钻眼、洒水防尘和喷浆等工作时，还应穿好雨衣，防止因淋湿而感冒生病。

（二）胶靴

因为井下作业现场泥水较多，有时还要站在泥水中操作，所以必须穿胶靴。此外，穿胶靴还可防止人体触电。

（三）毛巾

毛巾既可防止煤（矸）碎块或矿尘掉入衣服里面，又可擦汗。在发生火灾事故时，还可以用毛巾沾水捂住鼻口进行自救。

（四）矿工帽

矿工应戴好矿工帽，防止头部遭到撞、碰和砸等伤害。矿工帽里面的衬垫带要合格，戴矿工帽时要系好帽带。矿工帽还用来安置矿灯。

（五）腰带

腰带可以系自救器、矿灯盒和随身携带的小件物品。腰带要系在工作服最外面。

（六）自救器

当井下发生火灾、爆炸、煤与瓦斯突出等事故时，人员佩戴自救器，以防止人员中毒和窒息。入井人员必须随身携带自救器。

（七）矿灯

矿灯主要用来照明。新型矿灯还兼有瓦斯监测和报警、人员定位等功能。在发生危险时矿灯还可作为应急信号，如晃灯停车，在紧急避险时还可传递呼救信号。此外，矿灯还可作为清点上、下井人数的依据之一。

(八) 手套、口罩、眼罩、耳塞等

井下作业有时会接触到对人体皮肤有伤害的物品。例如,在喷射混凝土和灌注树脂锚固剂时,都必须戴好防护手套;采煤机司机在割煤时要戴防尘口罩,在喷射混凝土时要戴防护眼罩;风动凿岩机司机在钻眼时要戴耳塞。这些劳动防护用品对工人的身体健康都是有好处的,必须坚持佩戴(图 2-6)。

图 2-6　坚持佩戴劳动防护用品

第五节　井下信号与安全标志

一、井下信号

为保证安全生产,井下除设置有关的安全设施外,生产中的各环节还规定了一定的信号,信号是指挥生产、保证工作联系的基本手段。井下各生产系统、各环节都按需要设置不同功能的声、光信号,有的用于联系协调工作,有的用于保证安全(图 2-7)。

(1) 运输系统中常见的信号是红绿灯和电铃,用以指挥和联系提升运输,并兼作安全警告信号。通常红灯表示危险,见到红灯

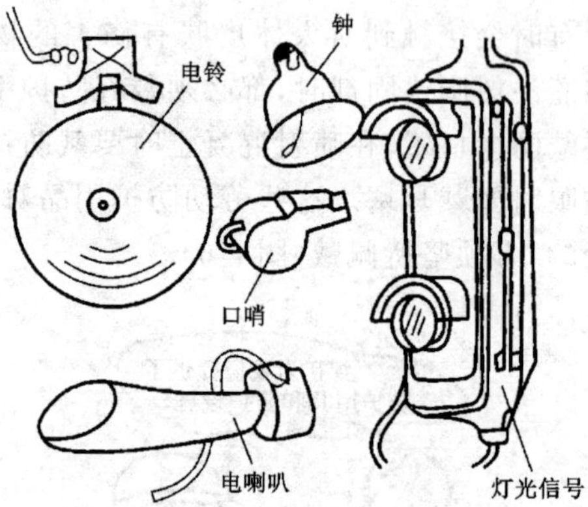

图 2-7　井下信号

就要停下；绿灯表示安全，可以通过。电铃的不同节奏和声响，表示不同的信号。

(2) 爆破工用口哨发出爆破信号。

(3) 瓦斯报警断电仪在瓦斯浓度超限时发出报警信号。

(4) 机车行驶时发出铃声信号。

(5) 设备启动停止时发出联络信号。

(6) 人力推车时推车工发出推车信号。

(7) 井下发生灾害时发出报警信号。

入井人员要爱护信号设施，要熟悉和掌握经常接触和使用的信号，在工作、休息、行走时，都要时时刻刻注意信号的变化，听从信号指挥，不可粗心、侥幸和冒险。因侥幸闯信号发生死亡和重大事故的案例并不少见，如人车开车信号发出后人员强行扒车被车辗死，车场甩车信号发出后不及时躲避被车撞死等。

信号对井下各系统正常的生产秩序和各环节的衔接有十分重要的作用，必须由专人操作，其他人员不准乱发信号。信号一旦失灵要立即报告，及时修复或更换，以免事故发生。

二、井下安全标志

煤矿井下安全标志是结合煤矿的生产特点制定的，目的是为了迅速地引起人们对煤矿不安全因素的注意，预防事故发生，但其并不能代替应有的操作规程和预防措施。煤矿安全标志分为主标志和文字补充标志。

动画

煤矿井下安全标志按其使用功能可分为五类(禁止标志，警告标志，指令标志，路标、铭牌、提示标志，指导标志)共60种。

(1) 禁止标志：禁止或制止人们某种行为的标志。

(2) 警告标志：警告人们可能发生某种危险的标志。

(3) 指令标志：指示人们必须遵守某种规定的标志。

(4) 路标、铭牌、提示标志：告诉人们目标、方向、地点的标志。

(5) 指导标志：提高人们思想意识的标志。

安全标志是矿山安全设施的组成部分，每 位从业人员都应该熟悉并保护好安全标志。

第六节　煤矿安全生产标准化

煤矿安全生产标准化是煤炭企业自觉贯彻落实安全生产法律法规和国家、行业的技术标准规范；是建立健全企业内部安全生产工作标准、安全规程和岗位责任制，实现与安全生产相关联的每个岗位管理的标准化和规范化；是强化煤矿安全基础工作、保障煤矿生产安全的重要手段。

一、煤矿安全生产标准化的意义

煤矿安全生产标准化强调安全生产的规范化、制度化、标准化、科学化、法制化，是煤矿企业的基础工程、生命工程和效益工程。煤矿安全生产标准化融合了安全风险分级管控与隐患排查治理，是构建煤矿安全生产长效机制的重要措施，是我国煤炭行业经过多年实践探索，逐步发展形成的一整套安全生产管理体系和方法。

二、煤矿安全生产标准化的考核定级

安全生产标准化煤矿分为一级、二级、三级，一级的由国家矿山安全监察局组织考核定级，二级、三级的由省级主管部门考核定级，有效期均为三年。井工煤矿安全生产标准化体系包括：安全风险分级管控、隐患排查治理、通风、地质灾害防治与测量、采煤、掘进、机电、运输、调度、应急管理、职业卫生和地面设施等方面的内容。

三、安全生产标准化对一般从业人员的要求

(1) 从业人员要认真学习安全生产标准化的相关知识，掌握安全生产标准化对自己岗位的具体要求，积极参加师徒结队、技术比武、岗位练兵等活动，提升自己的岗位技能，为安全生产标准化建设达标与持续改进打好基础。

(2) 上标准岗、干标准活。对每道工作程序都按操作规程做到工序到位、行为规范、操作熟练，生产达标。

(3) 积极参加技术创新活动。围绕安全生产、安全标准化建设开展技术改革和创新，为区队安全生产达标做出贡献。

(4) 改变安全观念，文明生产。变要我安全为我要安全、我会安全，真正成为安全管理的主人，杜绝“三违”现象发生，确保安全生产。自觉维护作业场所的整洁和卫生，爱护环境，文明生产。

四、推行岗位作业流程标准化

煤矿岗位作业流程标准化，以辨识管控岗位作业风险为前提，以排查治理作业过程隐患为重点，以规范管理员工岗位操作为目的，使员工熟知岗位知识和操作技能，掌握作业条件和环境变化，提升自救互救和现场应急处置能力，推动员工养成在岗按流程标准化作业的习惯。确保各岗位人员熟知本岗位的“岗位作业流程

标准”，按岗位作业流程标准上岗操作，达到“上标准岗干标准活”（图 2-8）。

图 2-8　上标准岗干标准活

煤矿制定并实施岗位标准化标准，“告诉”各岗位作业人员岗位操作的具体做法和注意事项，解决员工在岗位“干什么”“怎么干”以及“干成什么样”的问题。通过规范岗位作业程序、作业标准和人的作业行为，实现岗位标准化作业，促进煤矿管理标准化、规范化、科学化，推动煤矿各项建设工作更好更快发展。

第七节　煤矿从业人员的职业道德和安全职责

职业道德是人们在职业活动中形成的与职业活动紧密相连的，具有自己职业特征的道德规范的总和。职业道德是职业范围内特殊的道德要求，从道义上要求人们应以一定的思想、感情、态度、作风和行为去接人待物、处事，完成本职工作。煤矿职工应该具有崇高的职业理想、主人翁的职业态度、尽心尽力的职业责任、过硬的职业技能、严格的职业纪律、高度负责的职业责任心、高尚的职业荣誉和优良的职业作风（图 2-9）。

图 2-9　提高职业道德

一、煤矿从业人员的职业道德

煤矿从业人员除应遵守一般的职业道德外，还应具有煤炭行业特殊的职业道德。

（一）热爱煤矿、忠于职守

煤矿从业人员应该爱祖国、爱矿山、爱岗位，以矿为家，干一行、爱一行、精通一行，以主人翁的态度对待本职工作。

（二）遵章守纪、服从管理

煤矿从业人员应遵章守纪，服从管理，听从指挥，维护生产秩序，做到文明生产。

（三）勤俭节约、艰苦奋斗

煤矿从业人员应勤俭办事，杜绝一切浪费现象；要关心、爱惜、保护国家和集体的财产；工作中应具有不畏艰苦、不怕困难、自强不息、顽强奋斗的精神和作风。

（四）钻研技术、提高技能

煤矿从业人员应该努力学习科学文化知识，刻苦钻研业务技能，尽快提高自己的安全生产知识水平和操作技能水平，更好地为煤炭事业和国家建设做好本职工作。

（五）团结协作、顾全大局

煤矿从业人员应该相互关心、互相支持、互相帮助。当个人利益与国家利益、集体利益发生矛盾时，要识大体、顾大局，牺牲个人利益。

（六）讲究质量、确保安全

煤矿从业人员应该认真学习、掌握与自己工作有关的质量标准，在生产和工作中严格执行，不打折扣。要坚持安全生产，做到“生产必须安全”“不安全不生产”，杜绝“三违”现象。

（七）勇于抢险、自救互救

煤矿一旦发生灾害事故，煤矿从业人员应该发扬大无畏的精神，勇于投入抢险救灾，积极开展自救互救，在确保自身安全的前提下，抢救他人，共同脱险，安全升井。

（八）尊师爱徒、积极健康

树立文明进步的婚姻、家庭观念，尊师爱徒，人际关系良好，生活方式积极健康。

二、煤矿从业人员的安全职责

煤矿从业人员对本岗位的安全生产工作负直接责任。其安全职责主要包括以下内容。

(1) 接受安全教育培训，学习安全生产基本知识、本岗位操作技能、企业安全规章制度，努力实现安全生产目标。

(2) 正确佩戴和使用劳动防护用品，班前、班后应对所使用的工具、设备、设施进行检查，保证它们安全可靠。

(3) 严格遵守企业劳动纪律的有关规定，执行安全操作规程，不违章冒险作业，制止任何人的违章作业，并拒绝任何人的违章指挥。

(4) 精心作业，正确操作，精心维护保养设备，搞好本岗位的质量标准化和文明生产，保持作业环境整洁。

(5) 对本单位安全生产工作中存在的问题提出批评、建议。

(6) 正确分析、判断和处理各种安全风险和事故隐患,把事故消灭在萌芽状态。发生灾害事故时,应积极参与抢险救灾活动,开展应急自救互救工作,并要保护现场,如实汇报。

第八节　入井基本要求

一、入井前的准备

井下作业人员应配备矿灯、自救器、绝缘靴、毛巾、矿工帽、工作服等完备的个人防护装备。工人入井前,需要休息好,注意饮食,精力充沛,高高兴兴下井,平平安安升井。

(1) 开好班前会。每个职工都必须参加班前会,了解本班的生产任务、质量要求和分工,预知本班作业场所存在的危险因素及防范措施。

(2) 入井前严禁喝酒。喝酒后,人头脑不清醒,反应迟钝,或引起情绪冲动,盲目蛮干。

(3) 严禁携带烟卷、火柴、打火机及其他引火、易燃易爆物品入井。火源是引发瓦斯、煤尘爆炸的主要条件之一,工人在井下吸烟造成瓦斯、煤尘爆炸的事故曾多次发生,教训极其惨痛。

(4) 严禁穿化纤衣服下井。化学纤维绝缘电阻大,当它和人体或衣料之间发生摩擦时,可能产生静电,其能量足以引起瓦斯、氢气燃烧爆炸。若遇井下发生火灾,穿化纤衣服的人易被烧伤,甚至死亡。

(5) 严禁携带非防爆手机等电子产品下井。电子产品带有电源,可能产生电火花,引起瓦斯燃烧爆炸。

(6) 严禁不能从事井下作业的人员及其他重症病患者入井。

(7) 入井前要穿好工作服,工作服要穿着整齐,扣好纽扣,不可随意披在肩上,防止被运转的机器缠咬而发生意外事故。穿好胶靴，胶靴尺码必须合脚，便于行走。需要戴手套的作业人员还应戴好手套，保护手部免受伤害。

(8) 戴好矿工帽。

(9) 拴好皮带。矿灯的灯盒、自救器都串在皮带上并拴在腰部，松紧适当。

(10) 领取矿灯。入井人员按规定领矿灯，出井后及时交还。领到矿灯后要仔细检查，若发现问题要及时修复更换。检查内容是：电池盒子是否破裂或有漏液现象；灯头有无破损，灯圈是否松动，灯头玻璃是否破裂；灯线是否破损折断，灯线和灯头及电池盒子的连线是否牢固，接线是否完好；灯锁的闭锁是否可靠，有无松动；双光源矿灯是否两个灯泡都明亮；灯光亮度如何；灯头开关是否灵敏可靠(图 2-10)。

图 2-10　领取、检查矿灯

入井前要戴好矿灯，不要手提灯线甩动灯头，以免损坏灯线(图 2-11)。要爱护矿灯，严禁在井下随意拆卸、敲打、撞击矿灯，以免产生电火花，引起瓦斯、煤尘爆炸事故。

(11) 领取自救器。每一个入井人员必须随身佩戴自救器，以便在发生爆炸、燃烧事故时能及时佩戴，安全撤离。自救器必须于

图 2-11　戴好矿灯

下班后立即交回,以便检查和维修。入井前领到自救器后,要检查自救器盒是否损坏,锁封装置是否完好,否则要立即更换。人人都要爱护自救器,不准用自救器敲打物品,也不准坐在自救器上。

(12) 携带好工具。入井携带的工具如斧、锯、钢钎、钻杆、小型机械和仪表等,要做到安全可靠。刃具、尖锐的工具必须用护套包好,防止乘车或行走时碰伤他人(图 2-12)。

图 2-12　刃具、尖锐的工具应罩保护套

(13) 自觉接受入井前的检身。检查内容包括:劳动保护用品的穿戴;自救器的携带;是否携带烟卷、火柴、打火机和电子产品;是否饮酒;检查身体有无严重病症和不符合入井的其他要求。

二、井下乘车安全

到井下作业地点需要乘车或行走。交通工具因矿井不同而不同,有立井罐笼、斜井人车、平巷人车、斜巷架空乘人装置、可乘人的钢丝绳牵引带式输送机等。

(一) 乘罐笼(吊桶)入井安全

(1) 乘坐罐笼上下井时,要遵守乘坐罐笼的有关规定,服从有关人员的指挥,排队按次序上下,不得插队加塞,拥挤打闹。

(2) 进入罐笼后,要关好罐笼门帘,身体任何部位、工具、材料等禁止伸出罐笼。罐笼运行时要站稳扶牢,不准向井筒内抛任何东西,以免发生危险。

(3) 没有得到井口检身人员、管理人员和把钩人员的许可,不准擅自乘罐和随便私发信号停罐或开罐。在罐笼发出升降信号后,停罐信号发出前或罐笼停稳前,扒、蹬、跳、上下罐笼是极其危险的。任何人不准超员乘罐,罐笼满员时任何人不得强行挤上罐笼。

(4) 装运材料和矿车的罐笼一律不准乘人,运送人员的罐笼必须专用,不许人料混运。乘吊桶上下井时,要系好保险带,严禁坐在吊桶边缘上,要等吊桶停稳,井盖门关好后,才能上下吊桶。

(二) 乘坐平巷人车安全

(1) 乘坐平巷人车入井的人员必须听从人车管理人员的指挥,在人车站按先后次序上车,不准拥挤。

(2) 开车前必须关上车门或挂上防护链。严禁超员乘车。

(3) 在人车运行时身体的任何部位和所携带的工具等物品都不可露出车外。人车在行驶中和未停稳时,严禁上下车和在车内站立。

严禁站在机车头上或扒蹬在车厢连接处。

(4) 严格遵守信号管理。在人车已发出开车信号时不准上下车,更不准在人车行驶途中扒上跳下。除专职人员外,任何人不准发出停开车信号。车辆掉道时,必须立即向司机发出停车信号。

(三) 入井人员乘坐无轨胶轮车时的注意事项

(1) 入井乘车人员必须接受检身工检查后在副斜井按秩序上下车,不得拥挤推搡。

(2) 入井乘车人员不得携带易燃易爆、超长超宽物品乘车。

(3) 车辆行驶中不得打开车厢门上下车或扒车、跳车等。

(4) 上井时要在井下指定候车点等车,严禁随意在大巷拦车。

(四) 乘坐架空乘人装置安全

(1) 必须在专门的乘人地点乘坐,人员乘坐要保持一定距离,间距要大于 5 m。

(2) 乘车人在运行途中要坐稳,手要抓牢,脚要蹬在踏板上。不要乱摆动身体,防止引起吊杆摆动,造成吊杆与牵引钢丝绳脱钩,摔伤乘人。

(3) 携带的工具不能垂直于运行方向放在腿上,应一手抓吊杆,一手拿住工具。携带爆炸材料的人员严禁与上下班人员同时乘坐。应在设有保护装置的专门下人地点下人。

(4) 设备运行中乘人不得用手脚触碰巷帮、巷底及邻近的其他物品,避免意外刮伤。

三、井下行走注意事项

(1) 在大巷行走时要走人行道,不准在轨道上行走(图 2-13)。车辆通过时,要停止前进,靠帮躲避,或进入躲避硐暂避,待车辆过后再走。横穿轨道时要注意左右瞭望,发现有车辆运行时,要停止前进,做到人给车让路。

(2) 在井下通过有人作业的巷道时,必须事先联系,经作业人

图 2-13　行走要走人行道

员允许并停止作业后方可通过。

(3) 在井下不准扒乘各种材料车、矸石和煤车，以免发生车辆伤害事故。

(4) 在井下行走要精力集中，注意观察前后、上下、左右，以防碰伤、刮伤、摔伤和被顶板落石砸伤。

(5) 无论带式输送机、刮板输送机是否开动，都不准在上面行走。不准触摸运行中的钢丝绳、牵引链及机械设备的转动部位。

(6) 严禁进入设有栅栏和挂有警告标志的巷道和硐室内(图 2-14)。

(7) 在绞车道行走时，需事先经把钩工允许，坚持“行车不行人，行人不行车”的原则，严禁蹬钩扒车。

(8) 在井下架线电机车巷行走穿越轨道时，携带的长工具要用手拿好，不要扛在肩上，以免触碰架空线，造成触电。

(9) 通过风门时，一定要注意随手把风门关好，不准同时打开相邻的两道风门(图 2-15)，以免造成风流短路。

图 2-14　禁止进入

图 2-15　不准同时打开相邻的两道风门

(10) 在急倾斜煤层采区上(下)山行走时,要走人行道上山,手要抓好扶牢,不要把电缆当扶手。前后两人要保持一定间距,工具要拿好,以免滑落击伤后(前)面的行人(图 2-16)。

(11) 在采区平巷行走时,要注意看清前方道路,防止掉进煤

图 2-16　斜巷安全行走

仓、溜煤眼。

(12) 溜煤眼和下料眼严禁行人,不要在溜煤眼的放煤口停留。

(13) 在采煤工作面行走时,不要靠煤帮行走,以免遇到冒顶片帮。不要在溜煤槽、输送机上行走。不要在未支护的空顶处停留,不要进入采空区。

(14) 在机采工作面行走时,要注意避开采煤机滚筒和牵引链,防止碰伤。在炮采工作面行走时,要注意爆破信号,听从爆破工或警戒人员的指挥。

(15) 在薄煤层采煤工作面行走时,要戴好安全帽,弯腰缓行,防止碰伤。

(16) 在机掘工作面附近行走时,要注意来往车辆,避开掘进机、装岩机、矿车。不要在掘进机的悬臂下停留。不要进入未支护的空顶区。在炮掘工作面附近行走时,要注意爆破信号,听从爆破工或警戒人员的指挥。

(17) 井下休息时,要选择通风良好的安全地方,防止冒顶、片帮或过往车辆伤害(图 2-17),严禁进入盲巷和采空区。

图 2-17　不在危险地点休息

第九节　班前会与现场交接班

一、班前会

(一) 班前会的作用

班前会的作用:使职工接班前了解井下现场的情况,上一班遗留的工作,当班工作安排情况,安全注意事项和上一班是否遗留安全隐患。

班前会的目的:更好地传达管理信息,加强人员之间的沟通交流,增强每个团队的凝聚力和向心力;辨识安全风险,做到超前预防;让班组成员进一步增强对安全工作重要性的认识,提升业务水平和操作能力,营造齐抓共管的浓厚安全氛围。

(二) 班前会的内容

井上班前会主要突出安全教育、生产任务、安全预知三个十分钟。从职工上班一开始就自觉学习安全知识、接受安全教育、明确生产任务、辨识危险源,同时排查不安全人员(班前饮酒、休息不足、精神萎靡不振、有思想情绪等人员),提前预防。

在井上班前会上,班长进行具体分工,提出生产、安全和质量要求。跟班队长对上一班情况进行安全讲评。

井下班前会主要排查作业现场安全隐患,并安排处理,创造安全作业环境。要求当班跟班队长、班组长必须提前进入工作面现场了解情况后,主持召开一个班前安全分析会,它通过对工作面现场状况、存在的安全隐患的具体分析,制定隐患处理方案,使全体现场职工对本工作区域岗位点的工程质量、设备、设施、环境等的安全状况有一个全面了解,进而起到预防事故的作用。

(三) 参加好班前会

工人在每天入井前,必须参加班前会,认真听取区(科)领导和工程技术人员布置的任务以及所传达的作业规程、操作规程、隐患排查情况和各项安全措施。

(1) 入井作业人员必须参加班前会,了解工作地点的安全生产情况,明确当班生产任务及上一班没处理完的安全隐患,当班生产过程中应注意的安全事项,掌握防范措施,弄清工作任务、工作要求和作业方法,掌握有关规程和安全措施。

对当班工作意见不统一时,要相互磋商达成一致,并要认真想一想作业场所还存在哪些不安全因素,哪些作业环节需要引起注意,怎样做才能保证安全生产。

(2) 参加班前安全教育时,要注意听,认真记,多掌握和了解有关规定和要求。

(3) 班前会在讨论安全方面的问题时,要把自己所掌握的经验及教训告诉大家,同时也要虚心听取大家的建议,取长补短。

(4) 班前如遇领导批评或同事间纠纷时,要正确对待,绝不能带着情绪去工作。

二、现场交接班

（一）交接班前的准备工作

在下班之前，每个作业人员都要把自己的作业场所全面检查一遍，使用的工具和木料都要整齐地摆放到指定地点，没用完的炸药、雷管要返回炸药库，对存在的安全隐患要尽量处理完，然后由跟班队长同矿井安全检查员对本小班的安全质量进行评估，按照表格上规定的项目进行打分，对没处理完的隐患要记录好。

（二）交接班时应交接的内容

井下所有人员都必须在工作地点交接班，认真地把本班的工作情况、安全情况、工程质量情况、隐患处理情况和可能发生危险的情况，详细地告诉接班的人。等把问题全部交代清楚之后，清点人数，集体离开作业场所，升井。未把情况交接清楚就走是不允许的，这样做是对工作不负责任，对安全不负责任。

第十节　煤矿“师带徒”管理

煤矿企业新上岗的井下作业人员安全培训合格后，应当在有经验的工人师傅带领下，实习满四个月，并取得工人师傅签名的实习合格证明后，方可独立工作。

在实际工作中，煤矿应明确师傅选定的条件，严格选取技术过硬、责任心强的优秀员工作为师傅；明确师傅的责任和义务、考核和奖惩办法，签订煤矿新工人师傅带徒弟合同（可参考本节的样本制定）。

一、师傅的选定条件

（1）爱岗敬业，有良好的职业道德，能够为人师表，在工人中具有较高的信誉。

（2）有较强的责任心、荣誉感；爱徒如友，能真正关心、爱护、帮助徒弟。

(3) 具有初中以上文化程度，有较强的文字及口头表达能力。

(4) 心理健康，情绪稳定，做事不偏激，不固执。

(5) 安全生产理念坚定，遵章守纪，杜绝“三违”，无违章、违纪和违法等不良记录。

(6) 井下安全生产经验丰富，工作业务熟练，专业技术过硬。

(7) 身体健康，带徒弟期间能保证每月的下井班次要求。

(8) 师傅必须具有三年以上的工作经历，具有中级工以上的技能等级。

(9) 师傅应当熟知所带徒弟岗位的应知应会要求，能做到按标准言传身教。

二、师傅带徒弟的职责和权利

(1) 师傅带徒弟期间必须将徒弟从事工种的应知应会内容传授给徒弟。

(2) 师傅带徒弟期间，师傅必须按《煤矿安全规程》、作业规程、操作规程、煤矿岗位作业流程标准化等要求教徒弟干标准活、干放心活，对徒弟实习操作中存在的问题及时纠正与指导。

(3) 师傅带徒弟期间，师傅要对徒弟的安全负责。

(4) 师傅有权制止徒弟的违章作业，师傅有权利和义务改正徒弟的违章操作。

(5) 徒弟必须自觉听取和遵守师傅的指导，尊重师傅，勤学好问。

(6) 徒弟有权拒绝师傅的违章指挥，有权制止违章作业、冒险蛮干。

煤矿新工人师徒合同（参考样本）

为适应煤矿井下生产的需要，使新入矿人员在实习期间，在师傅的带领下，能够努力工作，确保安全，能够在规定的时间内掌握本岗位的生产技能，在双方自愿的基础上建立师徒关系，特签订本师徒合同。

一、师傅的职责

1. 指导和督促徒弟认真学习《煤矿安全规程》和各项规章制度，并严格遵守，认真传授本岗位技术和作业程序及作业要领，使徒弟尽快熟知、掌握本岗位应知应会知识和技能。

2. 要教会徒弟在进入施工地点后，如何进行安全检查、如何进行"敲帮问顶"等本岗位所涉及的安全防范措施，如何排除现场隐患，向徒弟传授自保和互保方面的知识和经验，履行好安全生产的权利。

3. 师傅带领徒弟进行施工作业时，对徒弟的安全必须起到监护作用，及时制止徒弟进入危险区域。教育徒弟在工作中，必须严格按照施工措施进行作业，按章操作，按措施施工，杜绝"三违"，确保安全。

4. 爱护徒弟，严格要求，耐心传授生产技能和操作经验，使徒弟能够在四个月内掌握本岗位的生产技能操作知识及应知应会知识，并具备独立工作的能力。

5. 本合同如期履行，收到预期效果，给予师傅 60 元/天的奖励，按徒弟的月实际出勤计算，徒弟月出勤率达不到当月制度工作日的 90%时，取消师傅奖励。

6. 本合同在履行过程中，因师傅没有尽到相应的职责而发生安全事故，将追究师傅的责任，并处以罚款。发生轻伤事故的，罚师傅 300 元；发生重伤事故的，罚师傅 600 元，并追究有关责任。

7. 如四个月后，经考核领导小组进行考核，徒弟考核未达标，可以解除师徒合同，师傅带徒弟奖励减半发放；如不解除师徒合同，顺延至徒弟熟练期满为止，顺延期不再给予师傅奖励。

二、徒弟的责任

1. 尊敬师傅，团结工友。虚心认真地学习师傅所传授的技能知识和操作经验，争取在短期内掌握采掘工种的操作技术和现场安全防范知识。

2. 接受师傅的工作安排，虚心接受师傅的批评与教育，不断提高技术操作水平。

3. 时刻牢记安全第一的方针，做到不安全不生产。在师傅的指导下，做好自身的安全防范工作，按章作业，按措施施工，有权拒绝和制止师傅的"三违"现象，和师傅一起做好自保互保工作。

三、考核领导小组

组长：(矿长)

副组长：(安全矿长)

通风组负责人：(工程师)

机电组负责人：(机电矿长)

成员：(机电工区、通风工区、安检科、政工科等部门负责人)

四、有关事项

1. 安排工作时，必须把师徒安排在同班次同地点工作。

2. 劳资科应组织制定师傅带徒弟的考核细则，工会和纪委监督，确保考核公平公正。

3. 徒弟如在试用期内，不能掌握本岗位的生产技能而独立工作的，可转为其他工种重新开始学习。

师傅(签章)：　　　　　　徒弟(签章)：

监证人(签章)：　　　　　合同签订日期：　年　月　日

第三章 煤矿开采基本知识

第一节 矿井地质基础知识

煤是由古代植物的遗体经过漫长的煤化作用而形成的。有开采价值的大面积含煤地层,称为煤田。

一、煤的种类

煤的种类很多,性质差别很大。目前,我国煤炭分类主要根据干燥无灰基挥发分等指标,将煤炭分为无烟煤、烟煤和褐煤。烟煤可分为长焰煤、不黏煤、弱黏煤、1/2 中黏煤、气煤、气肥煤、1/3 焦煤、肥煤、焦煤、瘦煤、贫瘦煤、贫煤。此外,按照工业用途煤又可分为动力煤、化工用煤和炼焦煤。

二、煤层的埋藏特征

(一) 煤层埋藏深度

煤层埋藏深度大小不一,最大埋藏深度可达 2 km。随着开采深度的增加,矿山压力、井下温度、涌水量与瓦斯涌出量等都将增大,会造成开采技术的复杂性甚至无法开采。

(二) 煤层层数

各煤田中煤层层数不同,少的只有一层或几层,多的可达十几层。相邻两煤层之间的距离称为煤层的层间距。

(三) 煤层的形态、厚度和结构

1. 煤层形态

煤层形态是指煤层赋存的空间几何形态。煤层形态可分为层状、似层状和不规则状 3 种类型。例如：鸡窝状、扁豆状、串珠状和透镜状等。

2. 煤层厚度

煤层厚度是指煤层上下层面之间的垂直距离。煤层按厚度不同可分为以下 4 类：

(1) 薄煤层：最小可采厚度至 1.3 m。

(2) 中厚煤层：1.3～3.5 m。

(3) 厚煤层：3.5～8.0 m。

(4) 特厚煤层：8.0 m 以上。

3. 煤层结构

煤层通常呈层状，煤层中有时含有一定厚度的沉积岩层，称为夹矸。根据煤层中有无较稳定的夹矸层，将煤层分为两类：

(1) 简单结构煤层：不含夹矸层的煤层称为简单结构煤层。

(2) 复杂结构煤层：含有较稳定的夹矸层的煤层，少则 1～2 层，多则数层，称为复杂结构煤层。

(四) 煤层的顶板与底板

按照沉积的次序先于煤生成的是煤层的底板，后于煤生成的是煤层的顶板。

根据顶板与煤层的相对位置关系以及垮落的难易程度，将顶板分为伪顶、直接顶和基本顶(图 3-1)。

1. 伪顶

伪顶是指直接覆于煤层之上的薄层岩层，多为炭质页岩、泥岩，厚度一般仅数厘米到数十厘米，极易垮塌，常随采随落。

2. 直接顶

直接顶是指位于伪顶或直接位于煤层之上(煤层没有伪顶时)的岩层。直接顶通常由砂质页岩、泥岩、粉砂岩等岩层组成，不很坚硬，是工作面支架支护的主要对象，一般在回柱或移支架后很快垮落。

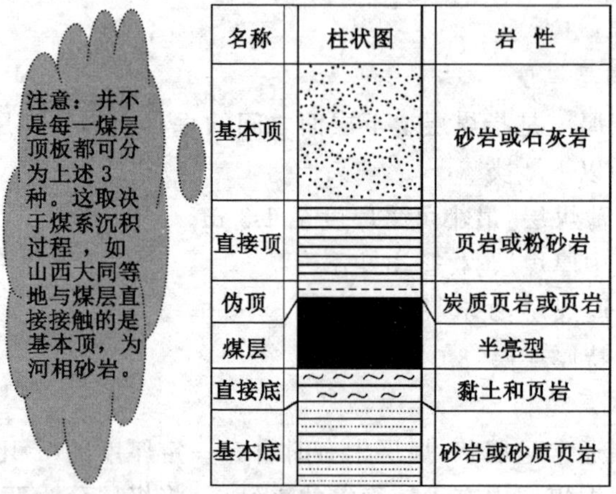

图 3-1　煤层顶底板示意图

3. 基本顶

基本顶是指位于直接顶或直接位于煤层之上、难以垮落的厚而结实的岩层。岩性多为砂岩或石灰岩，一般厚度较大，强度也大，采煤后长时期不易自行垮落，发生缓慢下沉。

根据煤层底板与煤层的位置关系，把煤层底板分为直接底和基本底。

1. 直接底

直接底是指直接位于煤层之下、强度较小的岩层，通常由炭质泥岩、灰质页岩和黏土岩等组成，厚度一般为数十厘米。如果直接底的岩层是遇水后膨胀的黏土岩，则可造成巷道的底板隆起。

2. 基本底

基本底是位于直接底或直接位于煤层之下的岩层，常为较硬的粉砂岩或砂岩，在南方有些煤矿也可见到石灰岩基本底，厚度较大。

（五）煤（岩）层的产状

倾斜煤（岩）层的产状，可以用煤层的走向、倾向、倾角 3 个要素表示，称为煤层的“产状三要素”（图 3-2）。

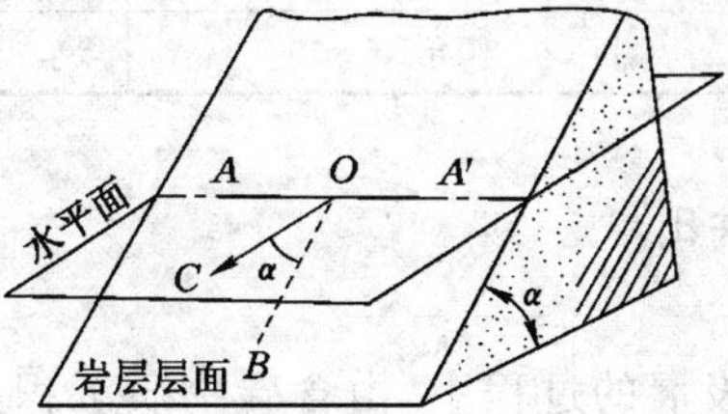

AOA'—走向线；OB—倾斜线；OC—倾向线

图 3-2　煤（岩）层的产状要素

（1）走向。煤层或岩层层面与水平面的相交线称为走向线，走向线的方向称为走向。走向表示倾斜煤（岩）层在水平面延展的方向。

（2）倾向。在煤层或岩层层面上与走向线垂直向下延伸的直线称为倾斜线，倾斜线在水平面上的投影称为倾向线，倾向线的方向称为倾向。倾向代表倾斜岩层向地下深处延伸的方向。

（3）倾角。煤层或岩层层面与水平面之间所夹的最大锐角称为煤层或岩层的倾角。倾角大小反映煤（岩）层的倾斜程度。

（六）煤层按倾角分类

煤层倾角越大，开采难度越大。我国按倾角将煤层分为 4 类，见表 3-1。

表 3-1　按倾角分类

煤层分类	露天开采	地下开采
近水平煤层	倾角＜5°	倾角＜8°
缓(倾)斜煤层	倾角 5°～10°	倾角 8°～25°
(中)倾斜煤层	倾角 10°～45°	倾角 25°～45°
急(倾)斜煤层	倾角 45°～90°	倾角 45°～90°

三、煤田与井田

(一) 煤田

在地质历史发展的过程中,由含碳物质沉积并连续发育形成的大面积的含煤地带称为煤田。统一规划和开发煤田形成的社会区域,称为矿区。一个矿区由多个矿井或露天矿组成。

按开采方式不同,煤矿开采分地下开采和露天开采两种。地下开采:通过由地面向地下开掘井巷采出煤炭的方法称为地下开采,又称为井工开采。露天开采:直接从地表揭露并采出煤炭的方法称为露天开采。与露天开采相比,地下开采要复杂和困难。

(二) 井田

煤田范围很大,需要划分为若干部分,按一定顺序开采。划归一个煤矿地下开采的一部分煤田称为井田,在一个井田内进行开采的煤矿一般称为矿井。而划归为一个露天矿开采的那部分煤田常称为矿田。一般情况下的划分:煤田→矿区→井田(矿井)。

第二节　矿井开拓系统与生产系统

一、矿井巷道的分类

矿井巷道是为进行采矿而在地下开掘的各种巷道和硐室的总称。根据不同的分类方法可以将矿井巷道分为多种类型。

(一)按巷道空间位置分

图 3-3 是按空间位置来划分的巷道类型。

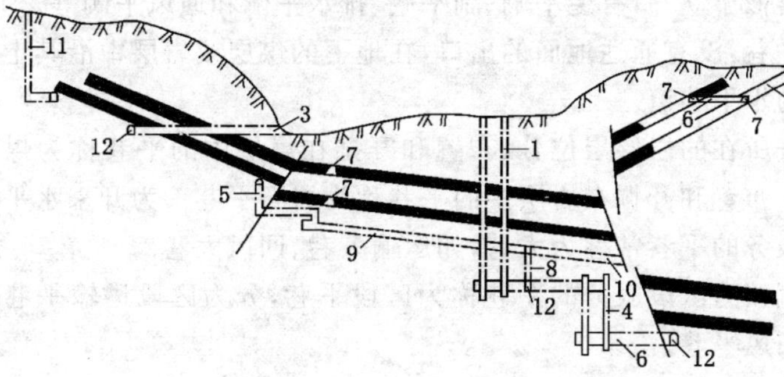

1—立井;2—斜井;3—平硐;4—暗(立)井;5—溜井;6—石门;
7—煤层平巷;8—煤仓;9—上山;10—下山;11—风井;12—岩石平巷

图 3-3 矿井井巷

(1)直立巷道:巷道的轴线与水平面垂直,如立井、暗井和溜井等。

立井:有通达地面的出口,是进入地下的主要垂直巷道。

专门或主要用于提升煤炭的叫作主立井。主要用于提升矸石、下放设备和材料、升降人员等辅助提升工作的叫作副立井。

生产中,还经常开掘一些专门或主要用来通风、排水、充填等工作的立井,这些立井按承担的主要任务命名,如风井、排水井、充填井等。

暗(立)井:没有通达地面出口的主要垂直巷道,其用途同立井。

溜井:一般不装备提升设备,是一种专门用来由高到低溜放煤炭的暗立井。溜煤眼:高度不大、直径较小的溜井称为溜煤眼。此外,溜煤眼也可以是小斜巷。

(2)水平巷道:巷道的轴线与水平面近似平行,如平硐、平巷和石门等。

平硐：有通达地面的出口，是进入地下的主要水平巷道。它的作用类似于立井，有主平硐、副平硐、排水平硐和通风平硐等。

平巷：没有通达地面的出口，在地下的煤层或岩层中沿其走向开掘的水平巷道。

按所在的岩层层位分，布置和开掘在煤层中的平巷称为煤层平巷。布置和开掘在岩层中的平巷称为岩石平巷。为开采水平或阶段服务的平巷常称为大巷，如运输大巷、回风大巷。

直接为区段服务的平巷称为区段平巷，分为区段运输平巷和区段回风平巷。

石门：没有通达地面的出口，在岩层中开掘的垂直或斜交于煤层走向的水平岩石巷道。为开采水平服务的石门称为主石门，为采区服务的石门称为采区石门。

煤门：没有通达地面的出口，在煤层中开掘的垂直或斜交于煤层走向的水平巷道。

(3) 倾斜巷道：巷道的轴线与水平面有一定的夹角，如斜井、上山、下山和分带斜巷等。

斜井：有通达地面的出口，是进入地下的主要倾斜巷道。其作用与立井和平硐相同并有主斜井、副斜井之分。

暗斜井：不与地面直接相通的斜井，其作用与暗立井相同。

上山：没有通达地面的出口，且位于开采水平之上，沿煤层或岩层从主要运输大巷由下向上开掘的倾斜巷道。

根据其服务范围不同，可分为阶段上山、采区上山等；根据其用途不同，可分为输送机上山和轨道上山；有的采区布置有通风或行人上山、集中溜煤上山等。

下山：位于开采水平以下，为本水平或采区服务的倾斜巷道。它的位置和开掘方向与上山相反。除输送机下山是向上运煤和轨道下山是从上向下运料以外，其他与上山相似。

按所在的岩层层位分，布置和开掘在煤层内的上下山称为煤层上下山，布置和开掘在岩层内的上下山称为岩石上下山。

按用途和作用分，运煤的上下山叫作运输上下山，其煤炭运输方向分别由上向下或由下向上运至开采水平大巷；铺设轨道的上下山叫作轨道上下山；专门用作通风和行人的上下山叫作通风、行人上下山。

阶段内采用带区式划分或井田直接划分为带区时，采煤工作面两侧的分带斜巷按用途分为运输斜巷和运料斜巷。此外，溜煤眼和联络巷道(开切眼)有时也是倾斜巷道。

(4) 硐室：在井下开凿和建造的在空间 3 个轴线上长度相差不大且又不直通地面的短的地下巷道，如绞车房、变电所、水泵房、炸药库和煤仓等。硐室一般断面较大且长度较短。

(二) 按巷道所在的岩层层位分

由于巷道掘进层位不同，根据巷道掘进断面中岩石与煤层所占的比例可分为岩石巷道(以下简称岩巷)、煤层巷道(以下简称煤巷)和半煤岩巷。

(三) 按巷道的用途和服务范围分

(1) 开拓巷道：为全矿井、一个开采水平或阶段服务的巷道。其服务年限较长，多为 10～30 年或以上，如主副井筒、井底车场、主运输石门、阶段(或水平)运输大巷和回风大巷等。

(2) 准备巷道：为准备采区、盘区或带区而掘进的主要巷道。准备巷道的作用在于准备新的采区、盘区或带区，以构成采区、盘区或带区生产系统。

(3) 回采巷道：形成采煤工作面及为其服务的巷道。例如区段运输平巷、区段回风平巷和开切眼等。

二、矿井开拓系统

矿井开拓方式是指由地表进入煤层而开掘的一系列巷道的布置方式。通常以井筒形式为主要依据，将矿井开拓方式分为平硐开拓、立井开拓、斜井开拓和综合开拓。

（一）平硐开拓

平硐开拓是利用水平巷道从地面进入地下，并通过一系列巷道通达矿体的开拓方式（图 3-4）。平硐一般分为走向平硐、垂直平硐和阶梯平硐。

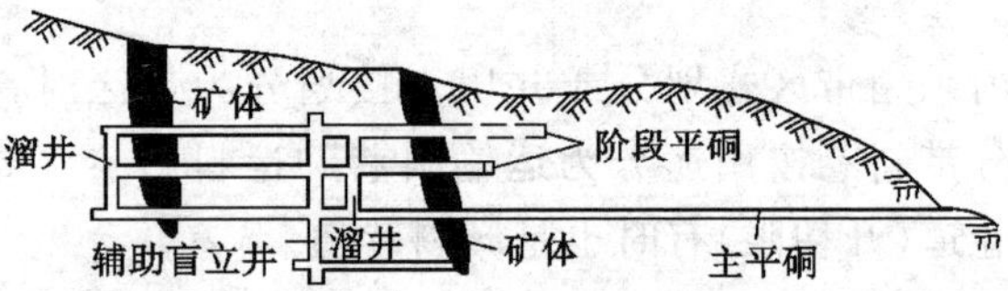

图 3-4　平硐开拓

（二）立井开拓

立井开拓是利用垂直巷道由地面进入地下，并通过一系列巷道到达煤层的一种开拓方式（图 3-5）。它是我国煤矿广泛采用的开拓方式。由于开采水平设置不同，立井开拓可有多种方案。其中，以立井单水平或多水平分区开拓方式应用得最多。

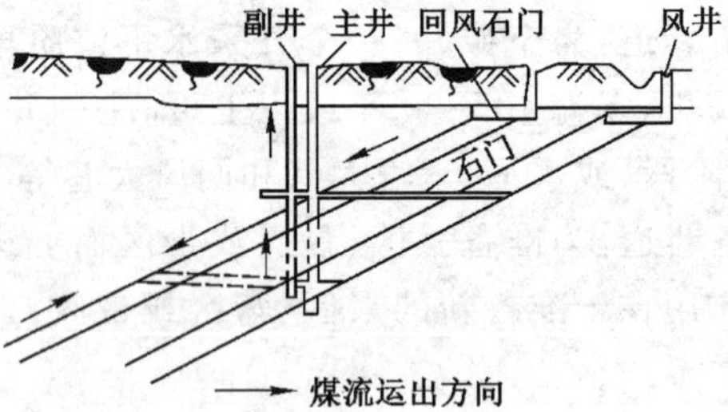

图 3-5　立井开拓

（三）斜井开拓

斜井开拓是利用倾斜巷道由地面进入地下到达煤层的开拓方

式(图 3-6)。根据井筒位置及开拓巷道布置方式不同可以把斜井开拓分为片盘斜井开拓和斜井分区开拓等多种。

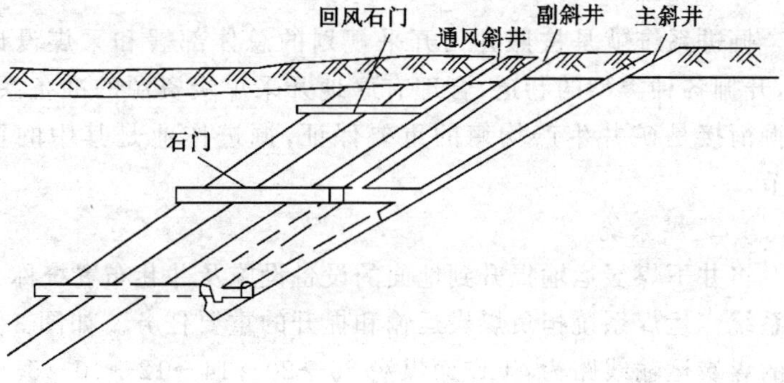

图 3-6　斜井开拓

(四) 综合开拓

综合开拓是指借助于以上两种或两种以上井硐形式综合开拓井田。可供选择的综合开拓方式有:立井—斜井、平硐—斜井、立井—平硐及立井—斜井—平硐等。

三、矿井生产系统

(一) 井下生产系统

煤矿井下生产系统主要有采煤系统、掘进系统、运煤系统、通风系统、运料排矸系统、排水系统、动力供应系统等。在煤矿生产过程中这些系统担负提升、运输、通风、排水、人员安全进出、材料设备上下井、矸石出运、供电、供气、供水等任务,生产系统的畅通和安全是矿井安全生产的前提和保证。

动画

1. 采煤系统

煤矿生产的中心环节是利用各种采煤方法进行采煤作业。采煤系统包括合理的巷道布置和适宜的采煤工艺(包括破煤、装煤、运煤、支护、采空区处理等，主要在图 3-7 中的 24、25 处进行）。

2. 掘进系统

掘进系统就是按照井田开采规划的总体部署和采煤设计要求，开掘各种类型的巷道，合理有序地开采煤炭资源的准备系统。采掘衔接是矿井生产均衡的重要保证，掘进作业是其中的重要环节。

3. 运煤系统

将井下煤炭运输提升到地面的设备设施及井巷布置统称为运煤系统。运煤系统担负煤炭运输和提升的重要任务。如图 3-7 所示的煤炭运输线路为：工作面煤炭 25→20→14→12→10→5→4→3→1。

4. 通风系统

新鲜空气由进风井进入矿井后，经过井下各用风场所，然后从回风井排出矿井，风流所经过的整个路线及其配套的通风设施称为矿井通风系统。矿井通风系统是煤矿井下生产中重要的系统之一，它负责向煤矿井下提供新鲜适宜的空气，并营造一个舒适的气候环境。如图 3-7 所示的风流线路为：新鲜空气从地面→2→3→4→5→11→15→19→20→25；污风→23→17→8→7→6→排出。

5. 运料排矸系统

担负井下需要材料、设备和矸石的运输，运送井下人员的系统称为运料排矸系统，又称为辅助运输系统。如图 3-7 所示的材料和设备的运送线路为：地面→2→3→4→5→9→11→15→23→25。

6. 排水系统

抽排矿井地下水的系统称为排水系统。它的作用就是将矿井水不断抽排到地面，防止矿井被淹没，保证人身安全和正常生产。矿井排水系统包括泵房、水仓、水泵、管路等设施。采掘工作面涌

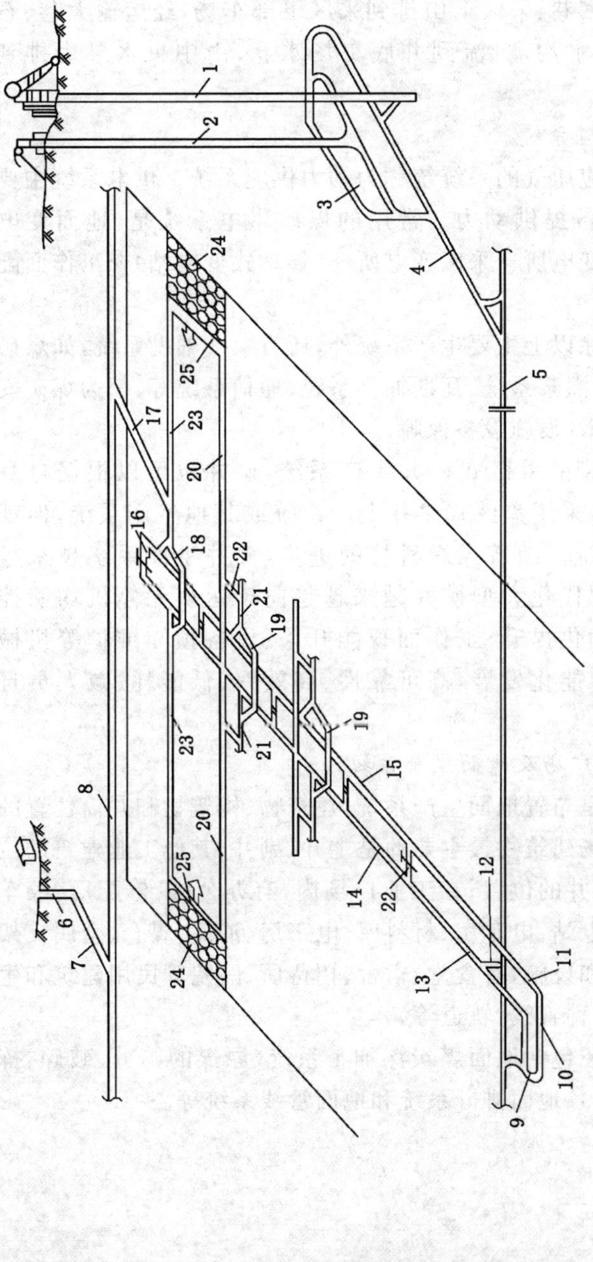

1—主井;2—副井;3—井底车场;4—主要运输石门;5—阶段运输大巷;6—回风井;7—回风石门;8—回风大巷;
9—采区运输石门;10—采区下部车场底板绕道;11—采区下部车场;12—采区煤仓;13—行人进风巷;14—运输上山;
15—轨道上山;16—上山绞车房;17—采区回风石门;18—采区上部车场;19—采区中部车场;20—区段运输平巷;
21—下区段回风平巷;22—联络巷;23—区段回风平巷;24—开切眼;25—采煤工作面

图3-7　矿井生产系统示意图

水由区段运输平巷、采区上山排到采区下部车场，经运输大巷、石门等巷道的排水沟，自流到井底车场水仓，由中央水泵房排到地面。

7. 动力供应系统

供电和供应压气的系统统称为动力供应系统。供电系统主要为井下机械设备提供动力。常用的煤矿供电系统是：地面变电所→井下中央变电所→采区变电所→（移动式变电站）→工作面配电点。

煤矿井下除以上主要生产系统外，还有一些辅助系统，如煤矿安全避险系统、灌浆系统、瓦斯抽排系统、通信系统等，都为煤矿安全生产提供技术、设施设备保障。

上述是典型的采区式矿井生产系统，矿井也可以根据自身煤层地质条件，采用盘区式矿井生产系统或其他生产系统，但都包括上述子系统。随着煤炭科技的进步，矿井生产系统越来越简单，特别是现代化大型矿井越来越趋向于运煤无停机均衡控制、大功率自动化提升、工作面智能开采、设备预知维护等机械化、自动化和智能化发展，高可靠性、高效率、低能耗、减人员且高安全性。

（二）工业广场及地面生产系统

工业广场是布置地面生产系统、建筑物、构筑物和井筒位置的场所。工业广场建筑物最主要的是主井、副井，其他工业建筑的位置取决于主、副井的位置；在工业广场内，有办公楼、修配厂、绞车房、矿灯房、变电站、电车房、材料库、电工房、油库、煤仓、金属支架厂等工业建筑和设施，有食堂、宿舍、招待所、医院等民用建筑和生活设施，还有各种管线、轨道等。

工业广场还包括地面煤炭深加工系统（原煤的筛分、破碎、拣选、地面储装运）、地面排矸系统和地面管线系统等。

第三节　井巷工程施工安全

一、井巷工程施工特点

井巷工程包括井筒、运输大巷、井底车场巷道及硐室、主要石门、采区巷道和回风巷道等全部工程。井巷工程施工的主要特点是:作业空间狭小,通风照明条件差,噪声大,劳动条件恶劣。同时,井巷经常要通过各种不同的岩层,局部地质条件并不非常清楚,潜在的不安全因素多,危险性大,可能会发生冒顶、片帮、瓦斯爆炸、煤尘爆炸、煤与瓦斯突出、冲击地压、透水、有毒有害气体中毒等多种事故。因此,应高度重视井巷工程施工安全问题。

二、井巷工程施工方法

井巷工程施工方法包括钻眼爆破法和机械化掘进法,两者的主要差别在于破岩方法不同。井巷工程施工方法的主要工序有破岩、装岩、运岩和支护等。

(一) 破岩

1. 钻爆破岩法

钻爆破岩法是指利用电钻或风钻进行打眼、装药爆破的方法。为了提高打眼的速度可以使用专门的钻眼机械打眼,如风动凿岩机(图 3-8)等。钻爆破岩法推广光面爆破。光面爆破是指在钻眼爆破过程中,通过采取一定的措施,使爆破后的巷道断面形状、尺寸基本符合设计要求,并尽量使巷道轮廓以外的围岩不受破坏的一种破岩方法。光面爆破是一种合理利用炸药能量的控制爆破技术,爆破后岩壁无明显的爆震龟裂,保护了围岩的整体性,提高了围岩的稳定性与自承能力。目前国内煤矿煤巷掘进以机械化掘进为主,岩巷掘进以钻爆破岩法为主。

图 3-8　风动凿岩机

2. 机械化破岩法

机械化破岩法是指利用综掘机对煤岩体进行切割和破碎的方法。该方法具有掘进速度快、效率高、巷道成形好、施工质量好等优点，在煤巷掘进中得到了广泛应用。采用综合机械化掘进机(图 3-9)可与自卸车、梭车、带式输送机等配套，实现掘进、运输连续作业，实现全自动凿岩机一次成巷施工。

图 3-9　悬臂式掘进机

(二) 装岩与运岩

装运煤岩有人工装运和机械装运 2 种方法。常用的装岩机有耙斗式、铲斗式、蟹爪式装岩机等设备。运输普遍采用矿车，用人或电机车调车。掘进煤巷时可以直接用刮板输送机或带式输送机运煤，综掘设备本身连接有装煤运煤设施。

(三) 巷道支护

维持巷道的有效断面，保持巷道安全使用空间的工作称为巷道支护，其目的是阻止围岩变形和垮落，防止顶板事故发生。巷道支护材料有水泥、石料、混凝土、木材和金属材料(如轻便钢轨、矿用工字钢、特殊工字钢、矿用特殊型钢等)。支护形式有架棚支护(金属拱形支护、木支护)、锚杆支护、锚喷支护、砌碹支护等。按支护存在的时间，分为临时支护和永久支护，锚喷支护和砌碹支护属于巷道永久支护，服务年限较长。

1. 架棚支护

架棚支护按棚式支架的材料构成，可分为木支架、金属支架和钢筋混凝土支架 3 种；按巷道断面形状，可分为梯形支架和拱形支架(图 3-10)；按支架结构，可分为刚性支架和可缩性支架。

2. 砌碹支护

砌碹支护的主要形式是直墙拱顶式，是一种被动支护形式(图 3-11)。该支护具有坚固、耐久、防火、通风阻力小等优点。缺点是施工复杂、劳动强度大、成本高和进度慢等。直墙拱顶支护由拱、墙和基础 3 部分组成。

3. 锚杆支护、喷射混凝土支护

锚杆支护就是将锚杆预设在围岩中，使岩体得以加固，形成一个完整的支护结构，是一种主动支护形式，其支护原理如图 3-12 所示。锚杆种类有钢筋或钢丝绳砂浆锚杆、金属锚杆、木锚杆、树脂锚杆等。

动画

喷射混凝土是将一定配合比的水泥、砂、石子和速凝剂等混合搅拌均匀，装入喷射机，以压缩空气为动力，使拌和料沿管路吹送至喷头处与水混合，并以较高的速度喷射在岩面上凝结硬化而成的一种支护形式。

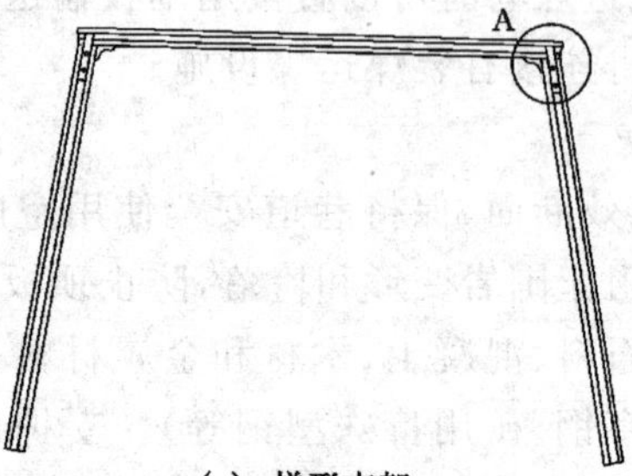

(a) 梯形支架

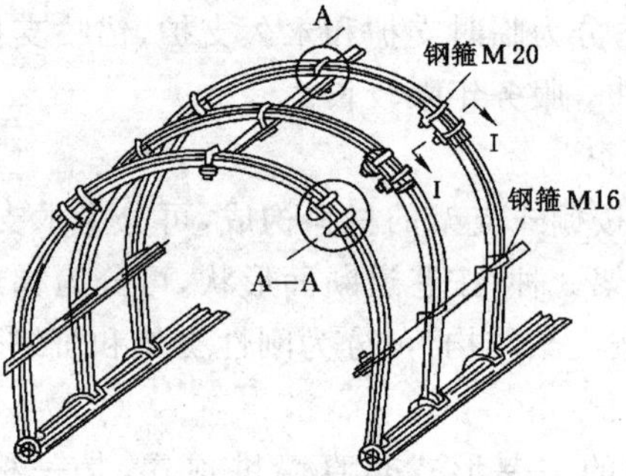

(b) 拱形支架

图 3-10　金属支架

锚喷支护是锚杆支护、喷射混凝土支护和锚杆＋喷射混凝土联合支护的总称。目前,我国大多数煤矿都采用锚喷支护。

巷道掘进作业危险性较大,应采取按技术标准设计、配备安全设施、进行有效的尘毒监测、强化安全管理、制定严格的安全规章制度等措施来确保掘进安全。巷道开掘后必须及时进行临时支护,方可进行其他作业。临时支护前和永久支护前必须严格执行敲帮问顶制度,两次敲帮问顶必须有安全员在场监护,并在隐患排查记录上签字。其主要内容包括:敲帮问顶工具、时间、责任人,顶板是否完整等。

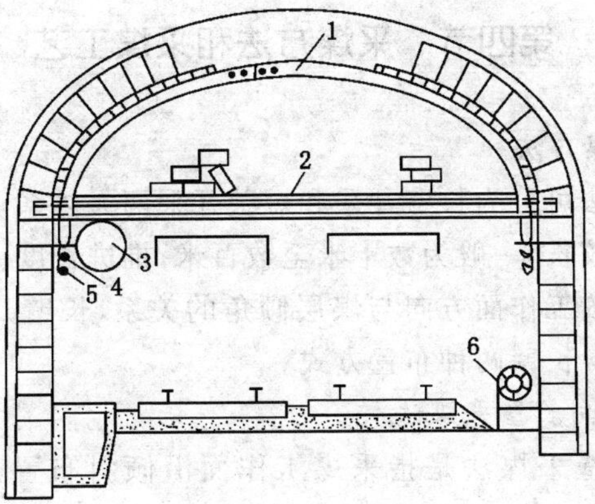

1—碹胎;2—工作台;3—风筒;4、5—线缆;6—供水管

图 3-11　砌碹支护

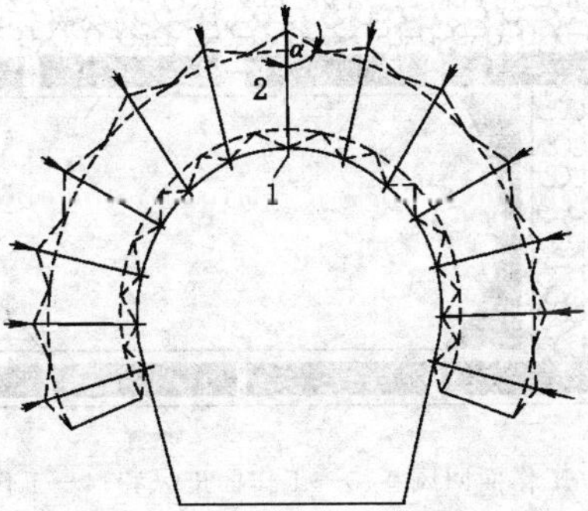

1—锚杆;2—岩层

图 3-12　锚杆支护原理示意图

第四节　采煤方法和采煤工艺

一、采煤方法

采煤方法可分为长壁开采和短壁开采两大体系。长壁开采的工作面布置较长，一般为数十米至数百米，推进长度一般为数百米至数千米。按工作面方向与煤层倾角的关系，长壁开采可分为走向长壁和倾斜长壁两种布置方式。

（一）走向长壁采煤法

走向长壁采煤法是指采煤工作面沿倾斜布置，沿走向推进(图 3-13)的方法。目前我国大多数大中型矿井都采用此法布置。通常在回风平巷内铺设轨道，用矿车运送材料和设备；运输平巷内用带式输送机、刮板输送机或矿车运送煤炭。

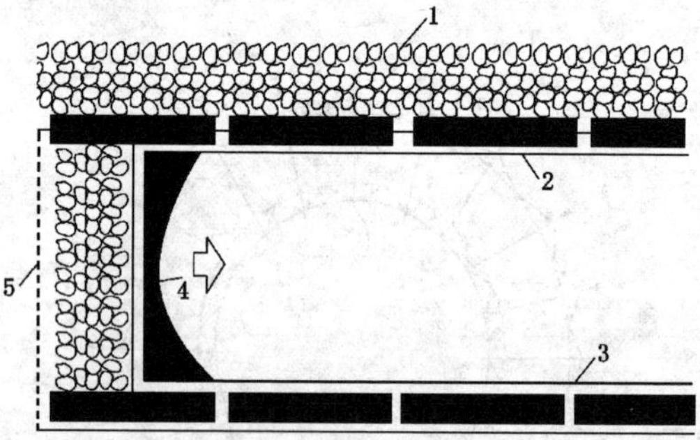

1—采空区；2—工作面回风巷；3—工作面进风巷；4—工作面；5—开切眼

图 3-13　走向长壁工作面布置

（二）倾斜长壁采煤法

倾斜长壁采煤法是指回采工作面沿水平走向布置，沿倾斜上行仰采或下行俯采推进(图 3-14)的方法。该方法的主要优点是巷道掘进费用低、运输环节少、系统简单。它适用于煤层倾角小于

12°且地质条件简单的煤层。

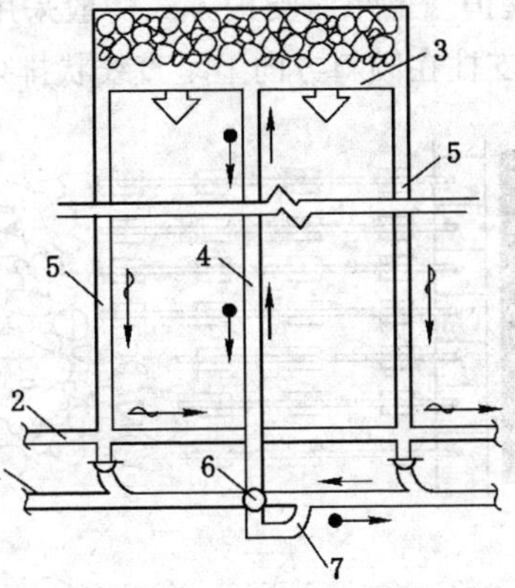

1—运输大巷；2—轨道大巷；3—采煤工作面；4—运输巷；
5—轨道巷；6—溜煤眼；7—绕道

图 3-14　倾斜长壁工作面布置

二、采煤工艺

在采煤工作面内按照一定顺序完成各项工序及其配合方式，称为采煤工艺。采煤工艺与回采巷道布置及其在时间上、空间上的相互配合总称为采煤方法。我国常见的采煤工艺有爆破采煤(以下简称炮采)、普通机械化采煤(以下简称普采)、综合机械化采煤(以下简称综采)、综采放顶煤等。

(一) 爆破采煤

爆破采煤的主要特点是采用爆破落煤。

(1) 落煤。用钻眼爆破的方法把煤从煤壁上崩落下来，称为爆破落煤，包括钻眼、装药、连线和爆破等工序。

(2) 装煤、运煤。装煤一般采用爆破抛掷装煤和人工装煤两种方式。运煤方式主要有自重运输和刮板输送机运输两种方式。刮板输送机可分为拆移式和可弯曲式两种形式。可弯曲式刮板输送机采用液压千斤顶或其他类型的千斤顶移置。

(3) 工作面支护。工作面支护方式一般采用单体液压支柱和铰接顶梁支护,液压支柱在倾斜方向上呈直线状排列,如图 3-15所示。

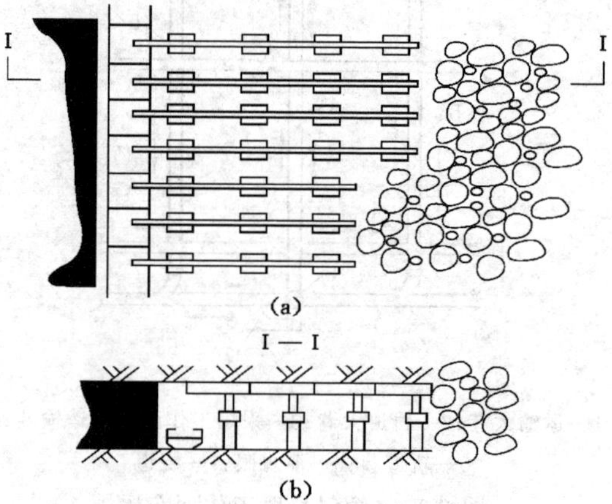

图 3-15 炮采工作面的支护方式

(4) 采空区处理。采煤工作面控顶距以外的空间称为采空区。采空区处理是指对采空区空间及顶板的处理。采空区的处理方法有全部垮落法、充填法、煤柱支撑法和缓慢下沉法等(图 3-16)。爆破采煤工作面采空区处理一般采用全部垮落法。

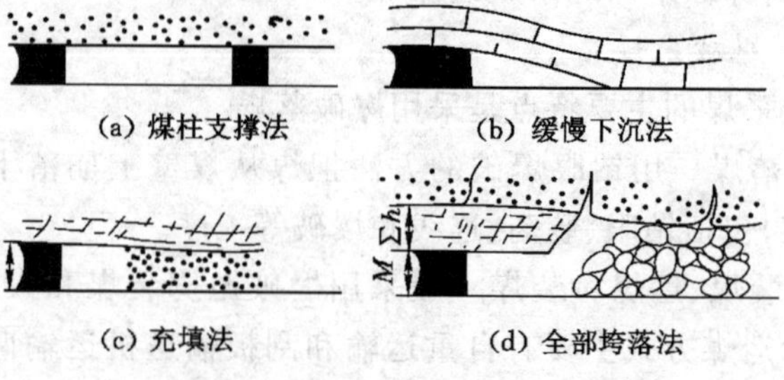

图 3-16 采空区处理方法示意图

（二）普通机械化采煤

普通机械化采煤工作面布置如图 3-17 所示，普通机械化采煤工艺的主要特点是用采煤机落煤。采煤机主要有刨煤机和滚筒采煤机两类。滚筒采煤机主要有单滚筒和双滚筒两种。

（1）落煤、装煤。普采工作面的落煤与装煤由采煤机完成。

（2）运煤。普采工作面的运煤采用可弯曲刮板输送机。推移输送机时，利用液压千斤顶将输送机移到目的地，并使输送机平、直，符合要求。

（3）支护。普采工作面使用单体液压支柱与铰接顶梁组成的悬臂支架支护顶板。

（4）采空区处理。采空区处理与炮采工艺相同，一般采用全部垮落法。对极坚硬的顶板，可以利用深孔爆破方法强制放顶以保证工作面的安全生产。

（三）综合机械化采煤

综采工艺的主要特点是采用采煤机落煤，用整体自移式液压支架支护顶板，落煤、装煤、运煤、支护全部工序实现了机械化，综采工作面设备布置如图 3-18 所示。综采工作面设备配套很关键，尤其应使采煤机、刮板输送机和液压支架这三大设备均符合工作面的条件，并在生产能力、设备强度、空间尺寸等方面配套。

动画

（1）落煤、装煤。落煤、装煤由采煤机完成。综采工作面主要采用双向割煤，往返一次进两刀，斜切式进刀。

（2）运煤。采用可弯曲刮板输送机运煤。

（3）支护。综采工作面支护主要采用自移式液压支架，工作面两端一般采用端头支架支护。按支架与围岩的相互作用方式，支架可分为支撑式、掩护式及支撑掩护式 3 种基本类型。

支架的形式不同则移架和移刮板输送机的方式也不同。整体式支架移架和推移刮板输送机共用一个液压千斤顶连接支架底座

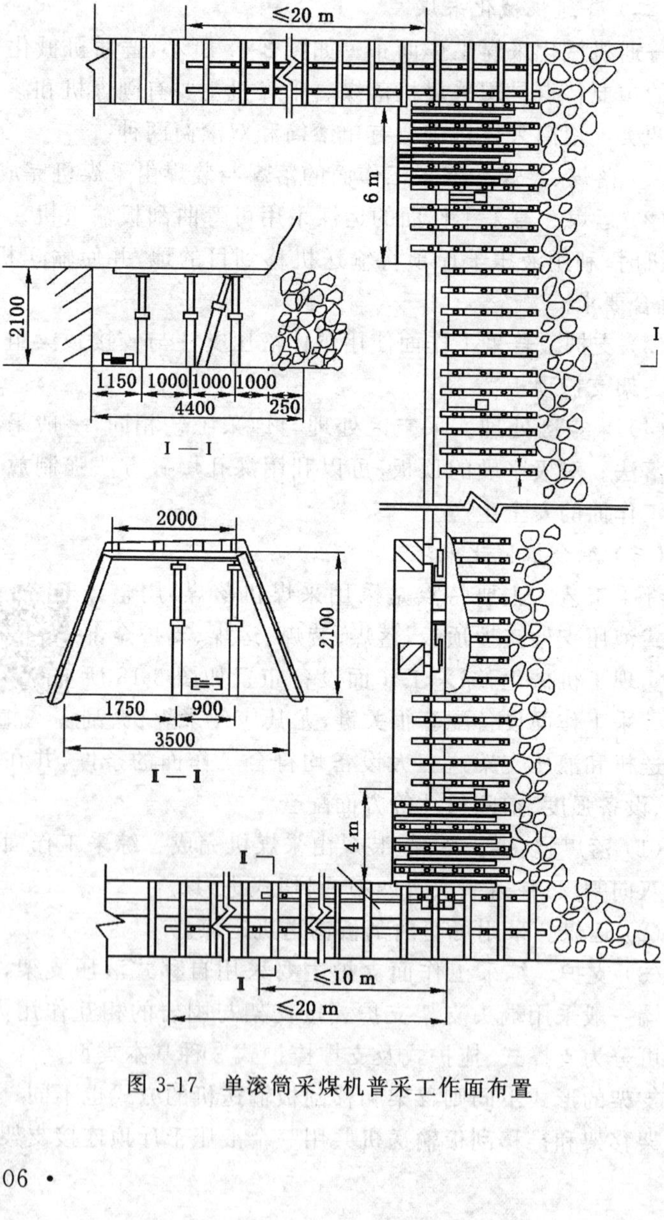

图 3-17　单滚筒采煤机普采工作面布置

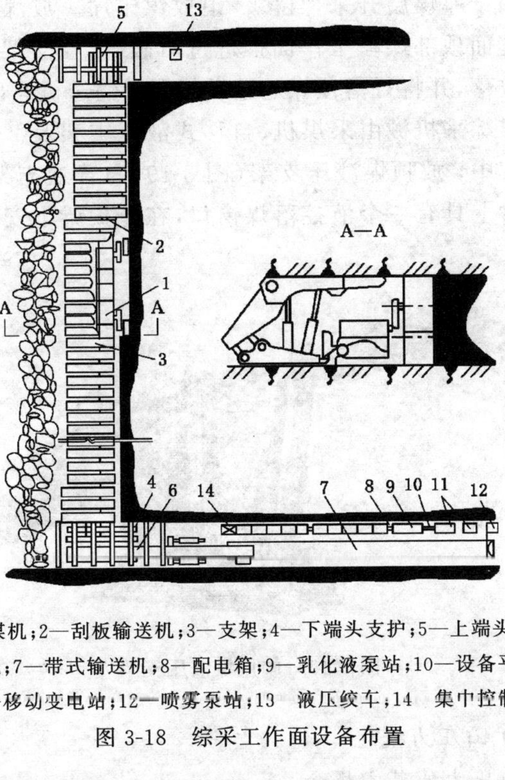

1—采煤机；2—刮板输送机；3—支架；4—下端头支护；5—上端头支护；
6—转载机；7—带式输送机；8—配电箱；9—乳化液泵站；10—设备平板列车；
11—移动变电站；12—喷雾泵站；13　液压绞车；14　集中控制台

图 3-18　综采工作面设备布置

和刮板输送机槽，互为支点进行推、拉刮板输送机和支架。迈步式自移支架的移动，依靠本身两框架互为支点，用一个千斤顶推拉两框架分别前移，用另一个千斤顶推移刮板输送机。

(4) 采空区处理。综采工作面主要用垮落法处理采空区。

(四) 综采放顶煤采煤工艺

综采放顶煤工艺的主要特点是采用采煤机割煤和放顶煤。综采放顶煤工艺是在厚煤层中沿煤层底板布置采煤工作面，煤壁采用采煤机割煤，顶煤从支架后部放煤口放煤，用前后两个刮板输送机运煤的采煤工艺。综采放顶煤与综采工艺基本相似，只是综采放顶煤适用于厚煤层开采，且多一道放煤工序。放煤是利用矿山压力将工作面顶部煤在工作面推进过后破碎，在支架掩护梁上的放煤窗口放落，并将冒落顶煤通过后部刮板输送机运出。

放顶煤综采机械由采煤机、自移式液压支架及 2 部刮板输送机组成。其中，放顶煤液压支架（图 3-19）与普通支架有所不同，即在掩护梁上具有一个液控落煤窗口，在掩护梁下安装第 2 台刮板输送机。

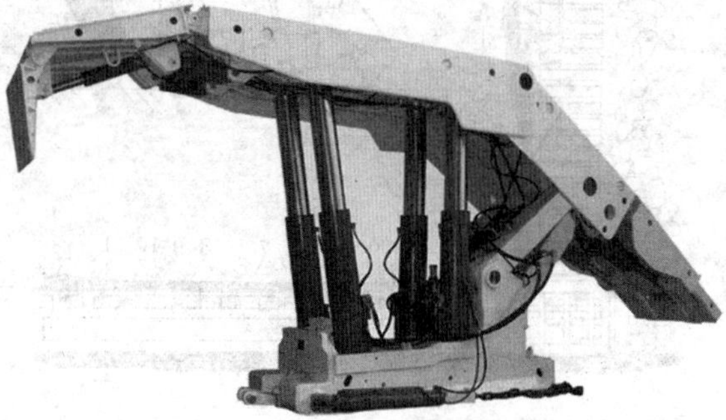

图 3-19　放顶煤液压支架

（五）矿山压力概述

1. 矿山压力的基本概念

矿山压力是由于采掘活动的影响，在采掘空间周围岩体上及支护物上所产生的力。由于矿山压力的作用将引起围岩及支护物的位移、变形、破坏等一系列的力学现象称为矿压显现。矿压是矿压显现的原因，矿压显现是矿压作用的结果，矿压存在是绝对的、不可控制的，矿压显现是相对的、有条件的、可以控制的。

影响矿压显现的基本因素有岩石力学性质、开采深度、煤层倾角、节理、裂隙、断层与褶曲、挤压与破碎带等。巷道位置、开采程序、支护方法、顶板控制方法、工作面推进速度、采高与控顶距、上部煤层残留煤柱等开采因素对矿山压力显现也有很大的影响。

2. 采煤工作面直接顶的初次垮落和基本顶的周期来压

(1) 直接顶的初次垮落：工作面自开切眼向前推进一段距离后(8～25 m)，假如没有支护，直接顶悬露达到一定距离，在其重力的作用下，就要开始垮落，称为工作面直接顶的初次垮落，这时直接顶的跨距称为初次垮落步距。

《煤矿安全规程》规定：采煤工作面必须及时支护，严禁空顶作业。直接顶不能任其自然垮落。当工作面推进距离达到初次垮落距时，要进行初次放顶。采煤工作面初次放顶时必须制定安全措施，采煤区(队)长要亲临现场进行指挥。

(2) 工作面基本顶的周期来压：随着回采工作面的推进，在基本顶初次来压以后，裂隙带岩层形成的结构，将始终经历"稳定—失稳—再稳定"的变化，这种变化将呈现周而复始的过程。由于结构失稳导致了工作面顶板来压。这种来压将随着工作面的推进而呈周期性变化。因此，由于裂隙带岩层周期性失稳而引起的顶板来压现象称为工作面顶板的周期来压。

周期来压的主要表现形式是：顶板下沉速度急剧增加，顶板的下沉量变大；支柱所受的载荷普遍增加；有时还可能引起煤壁片帮、支柱折损、顶板发生台阶下沉等现象。如果支柱参数选择不合适或者单体支柱稳定性较差，则可能导致局部冒顶甚至顶板沿工作面切落等事故。

工作面周期来压时的安全措施：① 通过矿压观测，准确判断周期来压的时间和位置，做好预测预报工作；② 做好来压前的支护工作，保证支架的规格质量，保证一定的支护密度和支架稳定性；③ 合理缩小控顶距，以利于工作面维护；④ 保证直接顶垮落的质量，采空区冒落的矸石可以减轻基本顶的来压强度；⑤ 加强正规循环，保持工作面推进速度。

第五节　矿井用电安全

煤矿井下电气设备众多，用电不当，就会发生人身触电事故、火灾事故和瓦斯煤尘爆炸事故等。

一、煤矿井下电气设备

煤矿井下使用的电气设备，按使用场所、设备类型不同可分为矿用一般型和矿用防爆型。根据《煤矿安全规程》规定，防爆电气设备入井前，应检查其产品合格证、煤矿矿用产品安全标志及安全性能；检查合格并签发合格证后，方准入井。

二、井下电网的“三大保护”

井下电网的“三大保护”是指过电流保护、漏电保护和保护接地。它们是保证煤矿井下供电安全可靠的重要措施。

(1) 过电流保护。凡是流过电气设备或电缆线路的电流值超过它们的额定电流值，即为过电流，简称过流。井下常用的过电流保护装置有熔断器、过电流继电器、限流热继电器等。

(2) 漏电保护。井下电气设备或电缆因绝缘能力下降或局部绝缘损坏，使电流经绝缘损坏处流入大地或经外壳流入大地的现象，称为漏电。漏电会对人身、设备甚至矿井安全造成很大威胁。漏电保护就是当电网漏电电流超过设定值时，漏电保护开关自动切断电路或发出信号。

(3) 保护接地。保护接地就是用导线把电气设备正常情况下不带电，但当绝缘损坏时可能带电的金属外壳与埋在地下的接地极连接起来的一种保护装置。各处的接地极、接地线、电缆的接地芯线等都是保护接地装置。

三、安全用电作业制度

井下各项安全用电作业制度是预防人身触电的有效措施，必须严格遵照执行。

（一）井下用电“十不准”制度

（1）不准带电检修、搬迁电气设备、电线、电缆。

（2）不准甩掉无压释放器、过电流保护装置。

（3）不准甩掉漏电继电器、煤电钻综合保护装置和局部通风机风电、瓦斯电闭锁装置。

动画

（4）不准明火操作、明火打点、明火爆破。

（5）不准用铜丝、铝丝、铁丝等代替保险丝。

（6）停风、停电的采掘工作面，未经检查瓦斯，不准送电。

（7）有故障的线路不准强行送电。

（8）电气设备的保护装置失灵后，不准送电。

（9）失爆的设备、电器，不准使用。

（10）严禁在井下拆卸、敲打和撞击矿灯，以免产生电火花引起瓦斯或煤尘爆炸事故。

（二）停、送电制度

停电是指将电气设备断开，具有明显的断开点，开关的把手必须锁住，并悬挂标示牌。

（1）检修或搬迁前必须切断电源，检查瓦斯。当巷道风流中瓦斯浓度低于1.0％时，再用与电源电压相适应的验电笔检验，检验无电后，方可进行导体对地放电。

（2）所有开关的闭锁装置必须能可靠地防止擅自送电和擅自开盖操作，开关把手在切断电源时必须闭锁，并悬挂“有人工作，不准送电”字样的警示牌，只有执行这项工作的人员才有权取下此牌送电。

（3）电气设备在进行检修时，严禁违反规定带电作业，严格执行“谁停电、谁送电”制度，中间不得随意换人。严禁约时停、送电和代替停、送电，保证用电安全。

四、触电及其原因

（一）触电

人身触及裸露的带电导体或因绝缘破坏而带电的电气设备的

外壳、构架等,都可能造成人身触电事故。

(二) 触电对人体的伤害

按触电对人体的伤害程度不同,触电分为电击和电伤。

1. 电击

电击是由于电流通过人体而造成内部器官在生理上的反应和病变,如刺痛、灼热感、痉挛、昏迷、心室颤动或停跳、呼吸困难或停止。电击是触电事故中最危险的一种,绝大部分触电死亡事故是由于电击造成的。

2. 电伤

电伤是指由于电流的热效应、化学效应对人体外表造成的局部伤害,伤残、烧伤不大时,不致使人死亡。

(三) 触电原因

(1) 井下带电检修、接线和搬迁电气设备及电缆。

(2) 没有执行停、送电制度,停电后电源开关无专人看管,没上锁,不挂停电标志牌。

(3) 人身触及已经破皮漏电的导线或由于漏电而带电的电气设备的金属外壳,造成触电伤亡。

(4) 井下因环境狭小,电机车架线较低,人员上下矿车或携带较长的钢钎等导电物体触及架线而发生触电伤亡。

(5) 触及已停电但未放电的高压电缆而触电伤亡。

五、触电事故的防治措施

(一) 防止人身接触或接近带电导体

(1) 将电气设备的裸露导体安装在一定高度。例如井下电机车架空线,按《煤矿安全规程》规定高度悬挂。

(2) 裸露的高压电气设备带电部分都应遮拦,防止人员靠近。

(3) 电气设备的导电部件和电缆接头,必须封闭在外壳内,并有完善的机械闭锁装置,保证不切断电源,打不开外盖。

(4) 127 V 手持式电气设备的操作手柄和工作中必须接触的

部分，应有良好绝缘。

(5) 各变(配)电所门口，必须悬挂“非工作人员，禁止入内”的警示牌，无人值班的变电所必须关门加锁。井下硐室内有高压电气设备时，入口处和室内都应加挂“高压危险”警示牌。

(二) 井下供电要做到“三无”“四有”“两齐”“三全”“三坚持”

(1) 三无：无“鸡爪子”、无“羊尾巴”、无明接头。

(2) 四有：有过流和漏电保护装置、有螺丝和弹簧垫、有密封圈和挡板、有接地装置。

(3) 两齐：电缆吊挂整齐、设备硐室清洁整齐。

(4) 三全：绝缘用具全、防护装置全、图纸资料全。

(5) 三坚持：坚持使用检漏继电器、坚持使用煤电钻照明和信号综合保护装置，坚持使用风电、瓦斯电闭锁。

【案例 3-1】 2021 年 5 月 2 日，山西××公司井下 15 号下 0110 运输巷工人文××在工作面移动水泵时，不慎触电，经抢救无效死亡。经核查：事故发生在该矿 15 号下 0110 运输巷掘进工作面排水点。事故原因：一是水泵供电电缆有破口，漏电保护失效；二是排水工单人单岗带电作业，拖拽潜水泵时触电。

第六节　矿井运输提升安全

在矿井生产过程中，需要把设备和人员运送到井下需要的地点，也需要把煤炭运送到地面，这主要靠矿井提升运输系统来完成，因此矿井运输提升系统是煤矿生产的重要环节。矿井运输提升系统战线长、涉及面广、设备类型多、条件复杂，加上人员违章、安全设施不全、管理跟不上等原因，稍有不慎，就容易发生事故。因此，必须高度重视运输提升系统的安全，正确、合理地使用各种运输设备，遵守各项规章制度，确保运输提升系统正常和安全运行。

一、矿井运输提升系统

矿井运输提升系统根据井田区域划分的方法不同,分为采区式运输提升系统和盘区式运输提升系统。采区式运输提升系统主要由采区运输、水平大巷运输及井筒提升 3 个基本环节构成,如图 3-20所示。

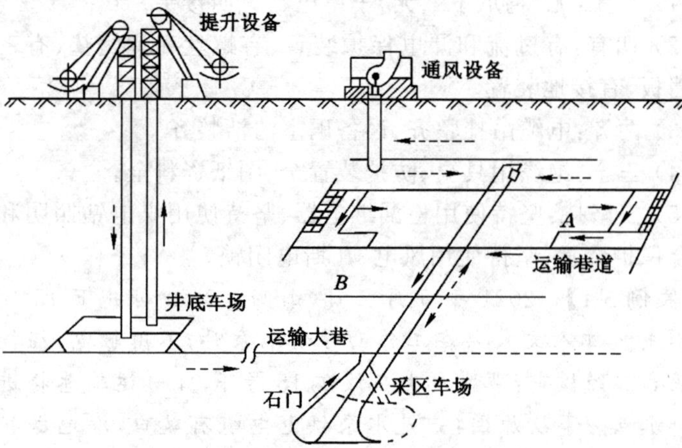

图 3-20　采区式运输提升系统示意图

(1) 采区运输。采区运输包括工作面运输、平巷运输和上下山运输。工作面运输设备主要是刮板输送机。平巷运输设备主要是带式输送机。采区上下山运输主要采用带式输送机运输原煤,采用轨道绞车串车运送设备、材料、矸石等。

(2) 水平大巷运输。水平大巷运输主要采用带式输送机和电机车运输。煤矿使用的电机车主要有架线式和蓄电池式两类。

(3) 井筒提升。按照开拓方式不同,矿井井筒提升分为立井提升和斜井提升两种。立井提升采用绞车,提升容器有罐笼、箕斗、吊桶等。斜井提升多数采用绞车,提升容器有串车和箕斗等;

斜井提升原煤多采用带式输送机。

盘区式运输提升系统与采区式运输提升系统类似，一般是采煤工作面采出的煤炭，经工作面运输平巷运至区段溜煤眼，再由集中运输平巷运至区段煤仓，最后装车或用带式输送机运出。

在采用盘区式运输提升系统的现代化矿井中，当前的趋势是尽可能多地采用带式输送机运输，这样运煤系统其实就是带式输送机运输系统。

二、立井提升事故及防治

立井中升降人员，应使用罐笼或带乘人间的箕斗。在井筒内作业或因其他原因需要使用普通箕斗或救急罐笼升降人员时，必须遵守有关规定。

（一）罐笼提升事故类型

罐笼提升事故主要包括罐笼脱轨、过卷、卡罐、断绳、蹾罐等造成人员伤亡、财产损失的事故。

（二）罐笼事故预防措施

(1) 罐笼设计合理，符合技术规范要求。乘人层顶部应设置可以打开的铁盖或铁门，两侧装设扶手。

(2) 罐笼每层内一次能容纳的人数应明确规定。超过规定人数时，把钩工必须制止。

(3) 立井使用罐笼提升时，井口、井底和中间运输巷的安全门必须与罐位和提升信号联锁。

(4) 井口、井底和中间运输巷都应设置摇台，并与罐笼停止位置、阻车器和提升信号系统联锁。

(5) 用多层罐笼升降人员或物料时，井上下各层出车平台都必须设有信号工。

(6) 严禁在同一层罐笼内，人员和物料混合提升。

(7) 提升装置的最大载重量和最大载重差应在井口公布，严禁超载和超载重差运行。箕斗提升必须采用定重装载。

(8) 升降人员或升降人员和物料的单绳提升罐笼、带乘人间的箕斗,必须装设可靠的防坠器。

(9) 检修人员站在罐笼或箕斗顶上工作时,必须遵守下列规定:① 在罐笼或箕斗顶上,必须装设保险伞和栏杆;② 必须佩戴保险带;③ 提升容器的速度一般为 0.3~0.5 m/s,不得超过 2 m/s;④ 检修用信号必须安全可靠。

三、刮板输送机伤害事故及预防

刮板输送机分为机头部(包括机头架、电动机、减速器、推移装置和紧链装置等)、中间部(包括标准槽、刮板链和挡煤板等)和机尾部(包括机尾架和换向滚筒等)3 部分构成(图 3-21)。刮板输送机因其机身高度小,便于装载,机身伸长或缩短方便,机体坚固,可连续运输,运输能力强,被广泛应用于采煤工作面运输。

图 3-21 刮板输送机

(一) 刮板输送机伤害事故的类型

常见的刮板输送机运输事故有:

(1) 保护不到位致使人员靠近时被转动部件绞伤。

(2) 机头、机尾锚固不牢而突然被拉翘起,打伤或挤伤附近人员。

(3) 违章乘坐输送机或在溜槽内行走被刮板链拉伤、打伤等。

(4) 输送机不平直、刮板间距大、弯刮板多或断刮板等，造成漂链或掉底链事故。

(5) 机头不正，导链轮磨损严重或导链轮与刮板链之间进杂物，使导链轮拖链。

(6) 用输送机运料，但操作方法不当，顶伤人员或顶歪支架造成冒顶事故。

(二) 刮板输送机伤害事故的预防措施

(1) 操作人员必须经过培训考核合格后持证上岗，刮板输送机必须有专人维护，有维修保养制度，保证设备性能完好。

(2) 启动前必须对输送机进行全面检查，包括工作环境和设备状态等。启动前先发信号，然后点动试车，待确认无问题后再正式开车。

(3) 严格执行停电处理故障、停电检修制度。停电后在开关处要挂牌，并把采煤机闭锁。严禁运行中清扫刮板输送机。

(4) 刮板输送机的转动、传动部位应按规定设置保护罩或保护栏杆；机尾应设保护板；需横越输送机的行人处必须设置人行过桥。

(5) 不准在输送机道内行走，更不准乘坐刮板输送机。当需要运送长料时，必须制定安全措施。

(6) 移动刮板输送机的液压装置必须完整可靠。移动刮板输送机时，必须有防止冒顶、片帮伤人和损坏设备的安全措施。

(7) 刮板输送机两侧电缆要按规定认真吊挂，特别是在工作面移动的电缆要管理好，防止落入机槽内被刮坏或拉断而造成事故。

四、带式输送机运输事故及防治

由于带式输送机运输能力大、运距长、工作阻力小、耗电量少，而且在运输过程中破碎性小，撒煤少，降低了煤尘和能耗，因而被广泛应用于煤矿井下工作面平巷和集中运输巷。井下使用的带式输送机有普通绳架式、可伸缩式、嵌钢丝绳芯式和钢丝绳牵引式等类型。

（一）带式输送机常见运输事故

（1）由于输送带接头不平直，主动滚筒两端直径不等、主动滚筒与机尾换向滚筒不平行或滚筒轴线与机身中心线不垂直等原因，造成输送带跑偏。

（2）由于输送带张力不够、货载过多、运水煤或输送带被卡住等原因，造成输送带打滑。

（3）由于输送带张力过大，严重超载或严重不匀、输送带接头质量不合格或磨损严重、严重跑偏被挤挂等原因，造成断带、撕带。

（4）由于严重跑偏、打滑或托辊不转未及时处理，造成长时间摩擦生热着火，或由于液力偶合器使用管理不当，发生喷油着火。

（5）人员违章乘坐带式输送机或工作中疏忽大意、违章操作，造成人身伤害。

（二）带式输送机运行安全措施

（1）严格执行《煤矿安全规程》有关使用带式输送机的规定，完善各种安全保护装置。

（2）司机必须经过培训，考核合格，持证上岗。

（3）开车前按规定对各部位进行检查。接到开车信号后，应查看输送机上及各转动部位附近是否有人，确认无人后，先发开车信号，然后点动试车，无异常后再正式启动输送机。

（4）各运转部位要安设保护罩或保护栏杆。

（5）严禁跨越带式输送机，在需要跨越处，必须设“过桥”。

（6）输送机运行时，严禁用铁锹刮铲滚筒上的煤泥；清理带下积煤时，人员不得钻入带下。

（7）严禁使用长柄工具拨正跑偏的带式输送机。

(8) 无明确规定时，带式输送机严禁乘人；在允许乘人时，必须严格按规定执行。

(9) 检修时必须先切断电源，停止运转，并挂“正在检修，不准送电”的牌子。

(10) 安装输送机时要做到平、直、稳，运转灵活，巷道两侧要有不少于 0.5 m 的宽度。

【案例 3-2】 2020 年 6 月 4 日，郑州××煤矿 22 煤柱面底抽巷发生一起机电事故，造成 1 人死亡。该煤矿崔××违反作业规程的规定，站在带式输送机驱动滚筒上作业；张××违反《煤矿安全规程》的规定启动带式输送机倒转，致使崔××左腿卷入驱动滚筒间，因抢救不及时、措施不当，导致死亡。该煤矿工程项目部施工人员安全风险辨识能力不足，未认识到带式输送机驱动滚筒附近属于危险区域；自保互保意识薄弱，遵章意识差，在检修设备时未按照作业规程和安全措施要求将设备开关闭锁，未安排专人看护，违章带电操作设备。

五、井下电机车运输事故及防治

电机车运输应用普遍，运输能力大，运输物品范围广，机动性好。

(一) 井下常见电机车事故

(1) 由于检查、维修不利，造成电机车各部分机械零部件损坏，进而导致掉道、动作失灵。

(2) 由于检查、维修不利或操作不当，使电机整流子冒火，电气部件或电机发热或烧毁。

(3) 架空线与集电器因接触不好，严重冒火引起火灾或瓦斯、煤尘爆炸。

(4) 由于轨道维修质量不好等原因，造成车辆掉道。

(5) 由于司机操作失误或巷道安全间隙不够等原因，造成电机车撞人、轧人、挤人或车辆相撞事故。

(6) 由于人员违章扒车、跳车造成事故。

(二) 预防井下电机车事故的主要措施

(1) 轨道铺设质量和运输巷道两侧的安全间隙严格按《煤矿安全规程》规定执行，并经常检查和及时处理运输线路上存在的安全隐患。

(2) 电机车司机必须经过培训，考核合格，严格按操作规程操作。开车前必须先发警号；运行中必须集中精力，发现异常情况，立即采取相应措施。

(3) 加强电机车和矿车的日常维修保养，及时更换或修理损坏的零部件，保持电机车和矿车完好，电机车的制动距离符合《煤矿安全规程》规定。

(4) 架空线的架设高度符合《煤矿安全规程》规定。

(5) 人员在运输巷道中乘车或行走要严格执行安全规定；携带较长的金属物件时，要防止触及架空线；严禁在车辆运行中扒车、跳车。

(6) 用电机车运送人员时，乘人车场的各项安全设施应符合《煤矿安全规程》规定，人员乘车必须听从工作人员指挥。司机与跟车工要密切配合。

(7) 完善电机车运输系统的信、集、闭系统和通信、调度管理工作，完善运输系统的安全设施。

(8) 电机车运行中，司机严禁将头和身体探出车外。

(9) 定期检修电机车和矿车，并经常检查，发现隐患，及时处理。

(10) 电机车运输时，列车或单独电机车都必须前有照明，后有红灯；正常运行时，电机车必须在列车前端，同一区段轨道上不得行驶非机动车辆。如果需要行驶时，必须经井下运输调度站同意；两电机车或两列车在同一轨道同一方向行驶时，必须保持不少于 100 m 的距离。

(11) 列车通过的风门，必须设有当列车通过时能够发出在风门两侧都能接受到声光信号的装置。

(12) 列车的制动距离每年至少测定 1 次。

(13) 人员在运输巷道中乘车或行走要严格执行安全规定；携带较长的金属物件要防止触及架空线；严禁在车辆运行中扒车、跳车。

(14) 用电机车运送人员时，乘人车场的各项安全设施应符合《煤矿安全规程》的规定，人员乘车必须听从工作人员的指挥。

(15) 完善电机车运输系统的通信、调度管理工作，完善运输系统的安全设施。

(16) 车辆运送的设备、材料应摆放整齐，捆绑牢固，不准超高、超长、超宽。

六、井下斜巷绞车运输事故及防治

斜井及采区上下山、倾斜巷道的运输工作，除采用带式输送机运送原煤外，普遍采用绞车串车运输方法。串车提升发生最多、危害最严重的事故是跑车事故。

(一) 斜巷绞车运输事故的类型

(1) 违章放飞车造成跑车事故。

(2) 钢丝绳断裂引起跑车。

(3) 带电维修伤害事故。

(4) 违章跟车扒车事故。

(5) 连接装置断裂引起跑车。

(6) 窜销或脱钩导致跑车。

(7) 人员误操作造成跑车。

(8) 绞车制动装置出现故障，制动力矩不足，也会发生因制动失效而跑车。

(9) 倾斜井巷安全防护设施不全或未按规定使用，导致跑车事故发生或使事故扩大而造成人员伤亡。

(二) 斜巷绞车运输事故的预防措施

(1) 斜井绞车司机要经过培训考核合格后持证上岗。严禁违章作业。绞车司机、信号工、把钩工要固定岗位,严格执行操作规程。

(2) 绞车等设备完好,管理到位。

(3) 按规定设置和使用防护装置。

(4) 每班都要对钢丝绳、钩头、车辆及车辆的连接装置、保险绳等进行认真检查,发现问题及时处理。

(5) 严格执行"行人不行车,行车不行人"的规定。

(6) 严禁多挂车或超载、超速运行。

(7) 严禁扒车或违章跟车。

(8) 运送物料时,开车前把钩工必须检查牵引车数、各车的连接和装载情况。

(9) 矿车与矿车间和矿车与钩头间的连接,都必须使用防脱装置。

(10) 绞车制动装置要灵活可靠,闸瓦间隙合适;司机操作时要防止发生松绳冲击;下放车辆必须给绞车送电,严禁不送电松闸放车。

(11) 严格按照《煤矿安全规程》的规定在倾斜井巷内、上部平车场及各车场安设防跑车装置(阻车器、保险绳等)和跑车防护装置(挡车器或挡车栏),并严格管理,正确操作使用。

【案例 3-3】 2018 年 8 月 10 日,云南省××煤矿+1000 m 水平井底车场内发生一起运输事故,造成 1 人死亡。主斜井下部跑车防护装置安装位置不当,并且跑车防护装置摆杆设置不科学,摆杆上部硬质螺纹钢距轨面 1.4 m,摆杆下部软质钢丝绳距轨面1.1 m,矿车高度 1.25 m,发生跑车时摆杆不能有效动作,提升过程时刻处于跑车的威胁中。矿车插销防脱装置锈蚀严重,受矿车自重力及绞车提升牵引力的影响,插销防脱装置与矿车车架脱离，并且未加装保险绳，导致矿车之间的连接装置脱落，发生跑车。

第七节　井下爆破安全

目前，炮采工艺在采煤工作面回采中已经逐步被淘汰，山西省等省已经明确禁止使用炮采工艺；巷道掘进大多采用机械化掘进，爆破施工主要用于岩巷和半煤岩巷的掘进，以及石门揭煤等特殊工程。

一、爆破器材安全管理

各种炸药、雷管、导火索、导爆索、非电导爆系统、起爆药和爆破剂都称为爆破器材。按照《爆破安全规程》的规定，井下应建立爆破器材库，并要有专人管理，不得任意存放，严禁将爆破器材分发给承包户或个人保存。严防炸药变质、自爆或被盗窃而导致重大事故。

【案例 3-4】　2008 年 6 月 13 日，山西省××公司井下发生特别重大炸药爆炸事故，造成 36 人死亡、12 人受伤。该矿井下违规存放大量炸药和雷管，1 号火工品存放点存放的炸药因不通风、环境潮湿自燃，引起雷管和炸药爆炸；爆炸产生的高温高压气体及爆炸生成物又引起 2 号火工品存放点的雷管和炸药爆炸。火工品燃烧、爆炸产生的冲击波及有毒有害气体导致井下作业人员大量伤亡。

二、井下爆破作业的主要危害

违章爆破作业主要有以下 3 个方面的危害：

(1) 由爆破作业本身引发事故，如爆破崩人、炮烟熏人等。

(2) 因爆破诱发其他事故，如爆破引爆瓦斯煤尘、爆破引起透水等。

(3) 爆破崩倒支架、崩坏刮板输送机、崩破电缆等引起事故。

炸药爆炸后通常不可避免地产生 CO、CO_2、NO、NO_2 等有毒有害气体，有时还可能产生 H_2S 和 SO_2。

三、爆破安全操作

（一）井下爆破工作

井下爆破工作必须由专职爆破工担任。爆破工必须经过专门培训，取得特种作业操作资格证书，持证上岗。在爆破作业中必须严格执行《爆破安全规程》和《爆破作业说明书》。

（二）爆破材料人力运输安全事项

（1）电雷管必须由爆破工亲自运送。炸药应由爆破工或在爆破工监护下由其他工人运送。

（2）爆破材料要轻拿轻放，严禁冲撞、抛掷和乱扔。

（3）人力运送爆破材料时背药工在前，爆破工在后，相距大于 10 m，但必须在视线范围内，沿途不得逗留或做其他工作。

（4）严禁使用输送机运送爆破材料。

（5）工作面爆破材料存放点距爆破点的距离大于 100 m，且要求顶板完好、支架完整、通风良好、无淋水和无电气设备。

（三）认真执行“一炮三检”制

必须在工作面装药前、爆破前和爆破后都检查爆破地点 20 m 范围内的瓦斯浓度。

（四）严格执行“三人连锁爆破”制

班组长、瓦斯检验工和爆破工 3 人在爆破作业全过程中都要密切配合，并执行换牌制度，执行“三人连锁爆破”制。

四、爆破事故的预防与处理

（一）早爆

煤矿爆破过程中的早爆往往是由杂散电流或静电引起的。

（1）杂散电流的防治措施主要有：① 尽量减少杂散电流的来源，特别要注意防止架线式电机车牵引网路的漏电；② 确保电爆网路的质量；③ 采用抗杂散电流的电雷管。

(2) 静电的防治措施主要有:① 接触爆破材料的人员穿棉布衣服,严禁穿化纤衣服;爆破材料要装在具有耐压和防冲撞、防震、防静电的非金属容器内;② 预防机械产生的静电影响;③ 采用抗静电电雷管。

(二) 拒爆

(1) 产生拒爆的原因:① 爆破材料质量差,使用了不合格的雷管和炸药;② 电爆网路有问题;③ 电源有问题;④ 装药操作不当。

(2) 预防拒爆的措施:① 经常检查发爆器具,保持其性能良好;② 实行雷管测试和炸药检查验收制度,不合格的不领取;③ 按《煤矿安全规程》有关规定装药;④ 做好爆破前的检查工作,尤其是对连接网路、发爆器和爆破母线进行认真检查。

(3) 拒爆的处理方法:① 通电以后拒爆时,爆破工必须先取下把手或钥匙,并将爆破母线扭结成短路,再等一定时间(使用瞬发电雷管时,至少等 5 min;使用延期电雷管时,至少等 15 min),才可沿线路检查,找出拒爆的原因。② 处理拒爆、残爆时,必须在班组长的指导下进行,并应在当班处理完毕。

(三) 放空炮

放空炮的主要原因是充填炮泥的质量不好和炮眼的间距过大。

预防放空炮的方法主要有:

(1) 充填炮眼的炮泥质量及充填长度要符合《煤矿安全规程》的规定。

(2) 炮眼的间距和孔深要合理,并根据煤、岩层硬度和炮眼的角度选择合适的装药量。

(四) 炮烟熏人

炮烟就是爆破后产生的烟尘,它既包含炸药爆炸产生的气体,又包含爆炸产生的煤、岩粉尘。

预防炮烟熏人的措施:

(1) 不使用质量不合格或严重变质的炸药，并保证炮眼封泥的充填质量。

(2) 一次爆破的炸药量与通风能力相适应。

(3) 掘进工作面加强通风管理，风筒出风口距工作面的距离要适当，确保爆破后能尽快排出炮烟，创造一个良好的工作环境。

(4) 爆破后，在爆破地点 20 m 范围内要充分洒水，以便吸收、溶解爆破产生的部分有毒有害气体和煤、岩粉尘，掘进工作面要实行综合防尘。

(五) 爆破崩人

(1) 爆破崩人的原因：① 爆破母线短，躲避处选择不当，造成飞煤、飞石伤人；② 爆破时未执行《煤矿安全规程》中有关爆破警戒的规定，误伤进入爆破区的人员；③ 处理瞎炮(拒爆)未按《煤矿安全规程》规定的程序和方法操作，致使瞎炮突响崩人；④ 通电以后装药炮眼不响时，等候进入工作面的时间过短，或误认为是网路故障而提前进入，造成崩人；⑤ 未能防止杂散电流，造成突然爆炸而伤人；⑥ 爆破制度执行不严，工作混乱，往往发生在工作面有人工作时，另有他人用发爆器爆破，造成崩人。

(2) 爆破崩人的预防措施：① 按《煤矿安全规程》和作业规程的规定，爆破母线要有足够的长度，选择躲避处时要避开飞石、飞煤的袭击；② 爆破时安全警戒必须执行《煤矿安全规程》规定；③ 通电以后装药炮眼不响时，要等待一定的时间后方可沿线路检查，不能提前进入工作面，以免炮响崩人；④ 采取防治杂散电流的措施，避免因杂散电流造成突然爆炸崩人。

(六) 崩倒支架

(1) 爆破崩倒支架的原因：① 支架不符合质量、规格要求，爆破前未经检查或检查后未认真加固；② 爆破参数选择不当，炮眼布置不合理，爆破后有大块煤、矸抛掷方向偏离巷道中心线。

(2) 预防崩倒支架的措施：① 加强支架架设质量管理，爆破前必须对不合格的支架进行加固，顶梁与柱腿要用背板插严背实，角楔要打紧，相邻支架要用撑木撑紧或用拉条固定；② 炮眼间距、角度、眼数、装药量要符合爆破图表的要求，不合格的炮眼必须重打，否则不能装药爆破。

（七）爆破引爆（燃）瓦斯和煤尘

（1）爆破引爆（燃）瓦斯和煤尘的原因：① 空气冲击波的发火作用；② 炽热或燃烧的固体颗粒的发火作用；③ 气态爆炸产物的发火作用。

（2）防止爆破引爆（燃）瓦斯和煤尘的措施：① 在掘进工作面爆破作业中，加强通风管理和瓦斯监测，防止瓦斯积聚，当爆破地点附近 20 m 以内风流中瓦斯浓度达到 1%时，禁止爆破；② 要正确选择炮眼深度、炮眼抵抗线及炮泥堵塞长度和质量，并按规定操作，防止爆破火焰引起瓦斯、煤尘爆炸；③ 在有瓦斯或煤尘爆炸危险的煤层中，采掘工作面都必须使用取得产品许可证的煤矿许用炸药，并应按危险程度选用相应安全等级的煤矿炸药；④ 采取综合防尘措施。

【案例 3-5】 2021 年 1 月 10 日 13 时 13 分许，山东省××金矿发生爆炸事故，造成 10 人死亡、1 人失踪。事故直接原因：井下违规混存炸药、雷管，井口实施罐笼气割作业产生的高温熔渣块掉入回风井，碰撞井筒设施，弹到一中段马头门内乱堆乱放的炸药包装纸箱上，引起纸箱等可燃物燃烧，导致混存乱放在硐室内的导爆管、雷管、导爆索和炸药爆炸。

第四章　矿井灾害防治

第一节　矿井通风安全

一、矿井空气

矿井空气是矿井井巷内气体的总称。它包括地面进入井下的新鲜空气和井下的有毒有害气体、浮尘。矿井空气的主要来源是地面空气，但地面空气进入井下后，化学成分和物理状态会发生一系列的变化，因而矿井空气与地面空气在性质上和成分上均有较大差别。

地面空气进入井下后，由于煤岩中涌出各种气体以及可燃物的氧化，其成分发生变化。风流在经过采掘工作面等用风地点之前，其成分变化不大，称为新鲜空气或新风；风流经过采掘工作面等用风地点后，其成分发生较大变化，称为污浊空气或乏风。

矿井空气主要成分：矿井空气与地面空气的成分尽管不同，但其成分仍是以氧气（O_2）和氮气（N_2）为主，另外包含少量二氧化碳（CO_2）等其他气体。

二、矿井空气中的有毒有害气体

矿井空气中的有毒有害气体有一氧化碳、硫化氢、二氧化硫、二氧化氮、氨气等。

（1）一氧化碳：一氧化碳是无色、无味、无臭的气体。一氧化碳毒性很强，吸入人体后会引起中毒、窒息，浓度为0.4%就可使人致命中毒。一氧化碳的主要来源：火灾、爆破、瓦斯和煤尘爆炸。

（2）硫化氢：硫化氢是一种无色、微甜、带有臭鸡蛋味的气体，能燃烧，有强烈的毒性。硫化氢对人的眼睛、黏膜及呼吸系统有强烈的刺激作用。硫化氢浓度为0.05％时，半小时内人失去知觉、痉挛、死亡。硫化氢的主要来源：有机物腐烂、硫化矿物水解、老空积水中释放、煤岩中放出。

(3) 二氧化硫：二氧化硫是一种无色、具有强硫黄臭味的气体，易溶于水，易积聚在巷道底部。二氧化硫对人体的影响较大，能强烈刺激眼睛和呼吸器官，使喉咙和支气管发炎，呼吸麻痹，严重时会引起肺水肿。二氧化硫的主要来源：含硫矿物氧化、燃烧、在含硫矿体中爆破，以及从含硫矿层中涌出。

(4) 二氧化氮：二氧化氮是一种红褐色气体，极易溶于水，它与水结合形成硝酸，对眼睛、鼻腔呼吸及肺部组织有破坏作用，会引起肺水肿，但起初只感觉到呼吸道受刺激、咳嗽，经过 6～24 h 后才出现中毒征兆。俗称的炮烟熏人，其实质就是二氧化氮中毒。二氧化氮的主要来源：井下爆破。

(5) 氨气：氨气是一种无色、具有强烈的刺激臭味的气体，易溶于水，毒性很强。氨气对人体上呼吸道黏膜有较大的刺激作用，引起咳嗽，使人流泪、头晕，严重时可引起肺水肿。氨气的主要来源，井下爆破。

三、矿井气候条件要求

煤矿作业人员在井下工作时，需要一个适宜的气候条件，包括适宜的温度、湿度、风速。

(1) 采掘工作面的进风流中，氧气浓度不低于 20％，二氧化碳浓度不超过 0.5％。

(2) 矿井有害气体的最高允许浓度见表 4-1。瓦斯、二氧化碳和氢气的允许浓度按《煤矿安全规程》的有关规定执行。

(3) 采掘工作面的空气温度不得超过 26 ℃，机电硐室的空气温度不得超过 30 ℃。采掘工作面的空气温度超过 30 ℃、机电设备硐室的空气温度超过 34 ℃时，必须停止作业。

(4) 采煤工作面、掘进中的煤巷和半煤岩巷最低允许风速为0.25 m/s,掘进中的岩巷最低允许风速为0.15 m/s,最高允许风速均为4 m/s。

《煤矿安全规程》第一百三十五条规定:采掘工作面的进风流中,氧气浓度不低于20%,二氧化碳浓度不超过0.5%。有害气体的浓度不超过表4-1的规定。

表4-1 矿井有害气体最高允许浓度 %

名 称	最高允许浓度
一氧化碳(CO)	0.0024
氧化氮(换算成 NO_2)	0.00025
二氧化硫(SO_2)	0.0005
硫化氢(H_2S)	0.00066
氮(NH_3)	0.004

《煤矿安全规程》第一百六十七条规定:井下充电室风流中以及局部积聚处的氢气浓度,不得超过0.5%。

《煤矿安全规程》第一百七十一条规定:矿井总回风巷或者一翼回风巷中甲烷或者二氧化碳浓度超过0.75%时,必须立即查明原因,进行处理。

《煤矿安全规程》第一百七十二条规定:采区回风巷、采掘工作面回风巷风流中甲烷浓度超过1.0%或者二氧化碳浓度超过1.5%时,必须停止工作,撤出人员,采取措施,进行处理。

《煤矿安全规程》第一百七十三条规定:采掘工作面及其他作业地点风流中甲烷浓度达到1.0%时,必须停止用电钻打眼;爆破地点附近20 m以内风流中甲烷浓度达到1.0%时,严禁爆破。采掘工作面及其他作业地点风流中、电动机或者其开关安设地点附近20 m以内风流中的甲烷浓度达到1.5%时,必须停止工作,切断电源,撤出人员,进行处理。采掘工作面及其他巷道内,体积大于0.5 m^3的空间内积聚的甲烷浓度达到2.0%时，附近20 m内必须停止工作，撤出人员，切断电源，进行处理。对因甲烷浓度超过规定被切断电源的电气设备，必须在甲烷浓度降到1.0%以下时，方可通电开动。

《煤矿安全规程》第一百七十四条规定：采掘工作面风流中二氧化碳浓度达到1.5%时，必须停止工作，撤出人员，查明原因，制定措施，进行处理。

《煤矿安全规程》第一百七十六条规定：局部通风机因故停止运转，在恢复通风前，必须首先检查瓦斯，只有停风区中最高甲烷浓度不超过1.0%和最高二氧化碳浓度不超过1.5%，且局部通风机及其开关附近10 m以内风流中的甲烷浓度都不超过0.5%时，方可人工开启局部通风机，恢复正常通风。停风区中甲烷浓度超过1.0%或者二氧化碳浓度超过1.5%，最高甲烷浓度和二氧化碳浓度不超过3.0%时，必须采取安全措施，控制风流排放瓦斯。停风区中甲烷浓度或者二氧化碳浓度超过3.0%时，必须制定安全排放瓦斯措施，报矿总工程师批准。

四、矿井通风的基本任务

(1) 供给井下人员呼吸所需要的氧气。

(2) 稀释和排除井下的各种有害气体和矿尘。

(3) 调节井下气候条件，创造良好的作业环境。

(4) 提高矿井的抗灾能力。

五、矿井通风系统

矿井通风系统是指向矿井输送空气的通风方法、通风方式、矿井通风网络、通风构筑物的统称。

（一）*矿井通风方法*

矿井通风方法是指矿井主要通风机对井下供风的工作方法。《煤矿安全规程》规定矿井必须采用机械通风。机械通风就是利用通风机产生的风压，对矿井和井巷进行通风的方法。矿井主要通风机对井下供风的工作方式可分为抽出式、压入式和抽压混合式3种。

矿井必须安装两套同等能力的主要通风机装置，一套工作另一套备用，备用通风机必须能在10 min内开动。生产矿井主要通风机必须装有反风设施，并能在10 min内改变巷道中的风流方向；当风流方向改变后，主要通风机的供给风量不应小于正常供风量的40%。

（二）矿井通风方式

根据进风井与回风井之间的相互位置关系，矿井通风方式可分为中央式、对角式和混合式3类。

（1）中央式通风。中央式通风是指进风井与回风井大致位于井田走向的中央。按进、回风井在井田倾斜方向位置的不同又分为中央并列式和中央边界式两种。

（2）对角式通风。对角式通风是指进风井大致位于井田中央，回风井位于井田浅部走向上方的通风系统。根据回风井在走向上方位置的不同又可分为两翼对角式、分区对角式两种。

动画

（3）混合式通风。混合式通风即中央式与对角式的混合布置，常见的混合式有中央并列与双翼对角混合、中央边界与双翼对角混合及中央并列与中央边界混合等。

（三）矿井通风网络

矿井风流按照生产要求在巷道流动时，风流分叉、汇合线路的结构形式称为矿井通风网络。矿井通风网络有串联通风、并联通风和角联通风3种基本形式。

串联通风是指两条或两条以上的巷道循序地首尾连接在一起的通风网络，又称一条龙通风；并联通风是指两条或两条以上的通风巷道在某一点分开，又在另一点汇合，中间没有交叉的通风网络；角联通风是指在并联的两条风路之间，还有一条或数条风路连通的通风网络。

六、矿井通风构筑物

在矿井通风系统中,用以隔断、引导和控制风流的设施和装置,叫作通风构筑物。它们的作用是保证风流按计划的方向和风量流动,以保证井下人员在进行正常作业时所需要的风量、风速。通风构筑物主要有风门、风窗、风桥、风墙和风硐等。

(1) 风门。在井下平时行人、行车的巷道内设置的能够隔断风流和对风量进行调节的通风构筑物称为风门(图 4-1)。一组风门应不少于两道,禁止两道风门同时开启。风门开启的方向应逆着风流。

(2) 风窗。风窗又称调节风门,是安装在风门或其他通风设施上可调节风量的窗口(图 4-1)。在并联网络中,若一个风路中风量需要增加,则可在另一风路中安设风窗,使并联风网中的风量按需供应,达到调节风量的目的。

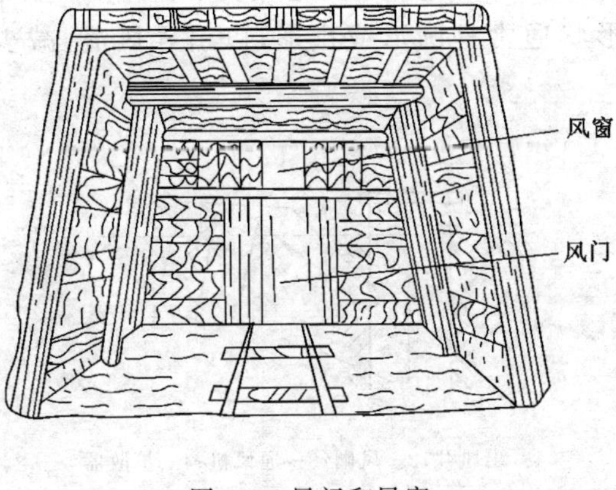

图 4-1　风门和风窗

(3) 风桥。在进、回风巷的交岔点,为避免风流短路而建造的通风构筑物称为风桥(图 4-2)。根据风桥的服务年限,可分为永久性风桥和临时性风桥两大类。永久性风桥有绕道式风桥和混凝土（或砖石）风桥；临时性风桥一般由木板或铁风筒构成。

（4）风墙。风墙又称密闭（图 4-3），是为截断风流而在巷道中设置的隔墙。凡是不运输、不行人，又需遮断风流的井巷都应设有风墙，可用它来封闭采空区、火区和废弃旧巷等。

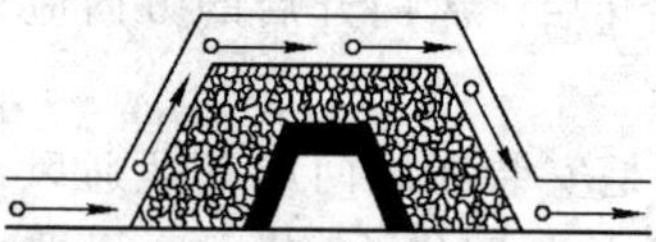

图 4-2　风桥

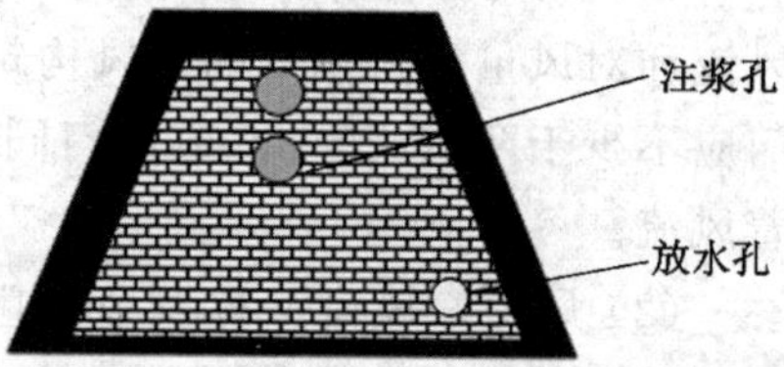

图 4-3　风墙

（5）风硐。风硐是连接主要通风机装置和回风井之间的一段巷道，断面形状通常是圆形或拱形，以引导风流，减少通风阻力（图 4-4）。

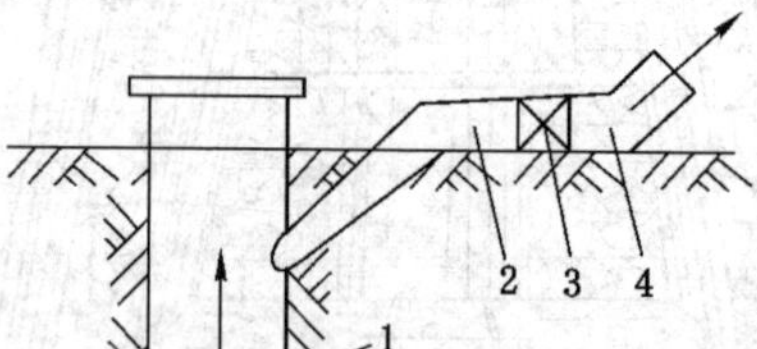

1—出风井；2—风硐；3—通风机；4—扩散器

图 4-4　风硐

【案例 4-1】　1996 年 11 月 27 日，山西省大同市××煤矿井下发生特大瓦斯爆炸事故，死亡 110 人，4 人下落不明，直接经济损失约976万元。这起事故的主要原因是矿井通风系统混乱，通风设施不齐全，质量差，存在风流短路、跑漏风、串联风、循环风。直接原因是该矿北顺槽正、副巷间未设风墙，造成风流短路，巷内局部通风机无风筒，使全巷处于无风、微风、循环风状态，6号贯眼至工作面35 m处于盲巷，造成瓦斯积聚。电工违章带电检修开关，产生电火花引爆瓦斯，进而震起巷道积尘，煤尘参与爆炸。

七、矿井通风基本要求

（一）采区通风

采区通风系统是矿井通风系统的基本组成部分，是指矿井风流从主要进风巷进入采区，流经有关巷道，清洗采掘工作面、硐室和其他用风巷道后，排到矿井主要回风巷的整个风流路线。

(1) 每一个生产水平和采区，必须布置单独的回风巷，实行分区通风。采区进、回风巷必须贯穿整个采区的长度或高度。严禁一段为进风巷，一段为回风巷。采掘工作面、硐室都要采用独立通风。采用串联通风时，必须符合《煤矿安全规程》的要求。

(2) 井下各地点按《煤矿安全规程》对风流中的瓦斯、二氧化碳、氢气和其他有害气体的浓度，风速及温度，每人供风量的规定合理配风。按井下同时工作的最多人数计算，每人每分钟供给风量不得少于4 m^3。要尽量减少采区漏风。

(3) 有煤（岩）与瓦斯（二氧化碳）突出危险的采煤工作面不得采用下行通风。

(4) 凡长度超过6 m而不通风或通风不良的独头巷道，按盲巷管理。

（二）采煤工作面通风

采煤工作面通风主要采取全风压通风方式，即利用矿井主要通风机产生的风压和通风设施向工作面供风的通风方法。采煤工作面常用的通风方式主要有U形、W形、Y形、Z形等。常见的U形和Z形通风方式如图4-5所示。

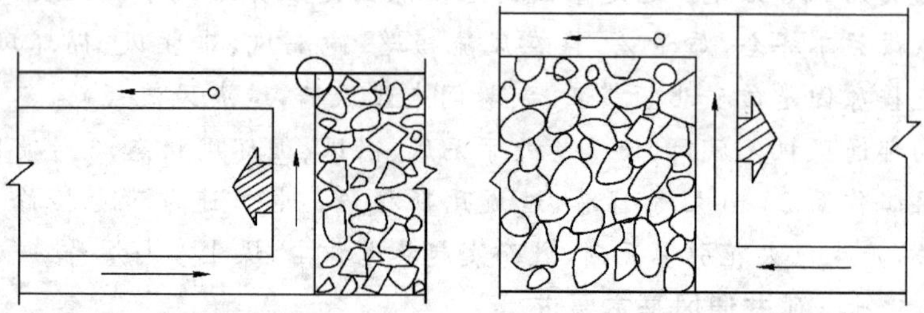

图 4-5　采煤工作面通风方式

（三）掘进通风

掘进通风又称局部通风，其方法主要有全风压通风和局部通风机通风。其中，局部通风机通风是目前广泛采用的一种掘进通风方法，它有压入式、抽出式和混合式 3 种，如图 4-6 所示。瓦斯喷出区域和煤（岩）与瓦斯（二氧化碳）突出煤层的掘进通风必须采用压入式。

（1）压入式局部通风机和启动装置，必须安装在进风巷道中，距掘进巷道回风口不得小于 10 m；全风压供给该处的风量必须大于局部通风机的吸入风量。

（2）高瓦斯矿井、煤（岩）与瓦斯（二氧化碳）突出矿井、瓦斯矿井中高瓦斯区的煤巷、半煤岩巷和有瓦斯涌出的岩巷掘进工作面正常工作的局部通风机必须配备安装同等能力的备用局部通风机，并能自动切换。

（3）严禁使用 3 台以上（含 3 台）的局部通风机同时向 1 个掘进工作面供风。不得使用 1 台局部通风机同时向 2 个作业的掘进工作面供风。

（4）使用局部通风机通风的掘进工作面，不得停风；因检修、停电等原因停风时，必须撤出人员，切断电源。恢复通风前，必

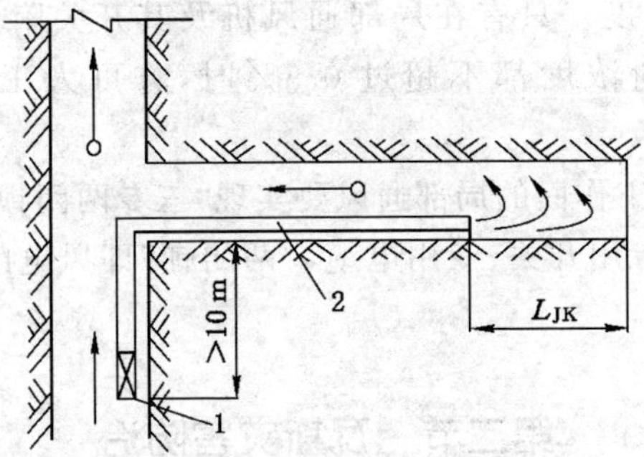

(a) 压入式

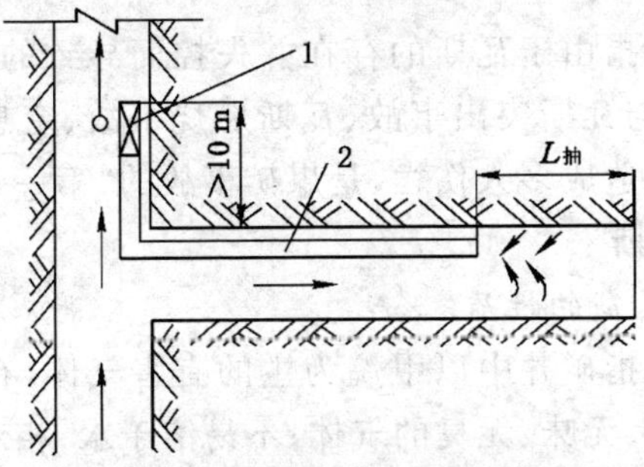

(b) 抽出式

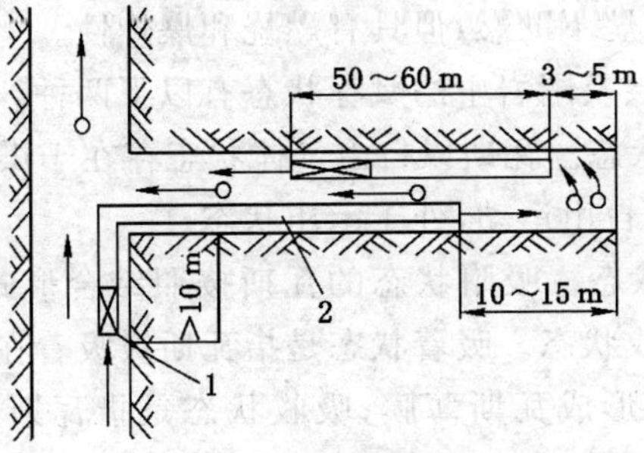

(c) 混合式

1—局部通风机；2—风筒

图 4-6　掘进通风方式

须检查瓦斯浓度。只有在局部通风机及其开关附近 10 m 以内风流中的瓦斯浓度都不超过 0.5%时，方可人工开启局部通风机。

(5) 掘进工作面的局部通风要实现“三专两闭锁”。“三专”即专用变压器、专用开关、专用电缆，“两闭锁”即风电闭锁和瓦斯电闭锁。

第二节　瓦斯灾害防治

瓦斯事故是指由于瓦斯的存在并失控而导致的事故，包括瓦斯爆炸事故、煤与瓦斯突出事故、瓦斯燃烧事故、窒息事故等。瓦斯爆炸事故可以造成多人伤亡，是煤矿事故的“第一杀手”。

一、矿井瓦斯

（一）矿井瓦斯的性质

矿井瓦斯是指矿井中以甲烷为主的有害气体，有时单独指甲烷。甲烷是无色、无味、无臭的气体；不易溶于水；相对空气密度为 0.554，比空气轻；它有很强的扩散性、渗透性；甲烷本身无毒，但不能供人呼吸；甲烷不助燃，但具有燃烧和爆炸性。

瓦斯在煤层及围岩中的赋存状态有以下两种：

(1) 游离状态。瓦斯以自由气体状态存在于煤层或围岩的空隙中，其分子可自由运动，处于承压状态。

(2) 吸附状态。吸附状态的瓦斯按照结合形式不同，又分为吸着状态和吸收状态。吸着状态是指瓦斯被吸着在煤体或岩体微孔表面，在表面形成瓦斯薄膜；吸收状态是指瓦斯被溶解于煤体中，与煤的分子相结合。

（二）矿井瓦斯的危害

矿井瓦斯的危害主要有以下 3 个方面：

(1) 当空气中瓦斯的含量达到一定值时，遇火就会燃烧或爆炸。瓦斯气体和氧气的量相匹配时，反应就充分、剧烈，表现为瓦斯爆炸；反之表现为瓦斯燃烧。

(2) 当空气中瓦斯浓度很高时，空气中的氧含量相对降低，会使人窒息。

(3) 煤层及围岩中的瓦斯气体达到一定的压力，在冲击地压和采掘活动等诱因作用下，可以导致煤与瓦斯突出。

(三) 矿井瓦斯等级的划分

矿井瓦斯等级根据矿井相对瓦斯涌出量、矿井绝对瓦斯涌出量、工作面瓦斯涌出量和瓦斯涌出形式，划分为低瓦斯矿井、高瓦斯矿井和煤与瓦斯突出矿井。

二、矿井瓦斯爆炸及防治

矿井瓦斯爆炸就其本质来说，是一定浓度的甲烷和空气中的氧气在一定温度作用下产生的激烈氧化反应。其危害非常巨大：瓦斯爆炸时能产生 1850 ℃以上的高温气体和强大冲击波，从而造成人员伤亡和设备、设施损坏；如果爆炸源附近的沉积煤尘被扬起，还将导致煤尘爆炸；瓦斯爆炸将产生大量的有毒有害气体，会造成大量人员中毒伤亡。

动画

(一) 瓦斯爆炸的条件

瓦斯爆炸必须同时具备 3 个条件，即一定浓度的瓦斯 5%～16%；一定温度的引燃火源，瓦斯在空气中的引爆温度为 650～750 ℃；足够的氧气，氧含量达到 12%。三者缺一不可。

(二) 瓦斯爆炸事故的预防

瓦斯爆炸事故是可以预防的。预防瓦斯爆炸是指消除瓦斯爆炸的条件并限制爆炸火焰向其他区域传播，预防瓦斯爆炸事故主要考虑以下 3 个方面。

1. 防止瓦斯积聚

(1) 加强通风。加强通风是防止瓦斯积聚的根本措施。瓦斯矿井的通风必须做到有效、稳定和连续不断,才能将井下涌出的瓦斯及时稀释并排除。

(2) 先抽后采。先抽后采是预防瓦斯事故的治本措施。对于采用一般通风方法不能解决瓦斯超限的矿井或工作面,可以采用抽放瓦斯的方法,将瓦斯抽排至地面。

(3) 及时处理积聚的瓦斯。瓦斯积聚是指局部空间的瓦斯浓度达到2%,其体积超过0.5 m^3 的现象。当发生瓦斯积聚时,必须及时处理,防止局部区域达到瓦斯爆炸浓度的下限。

(4) 加强瓦斯检查和监测。井下采掘工作面和其他地点要按要求检查瓦斯浓度(图 4-7),对于不同地点的瓦斯浓度《煤矿安全规程》有明确规定,矿井必须装备安全监测监控系统。

图 4-7 检查瓦斯浓度

2. 防止出现引爆火源

引爆瓦斯的火源主要有明火、爆破火焰、电火花及摩擦火花4种。

《煤矿安全规程》规定，严禁携带烟草和点火物品下井；井下严禁使用灯泡取暖和使用电炉；严格井下火区管理；井下不得带电检修、搬迁电气设备；井下防爆电气设备的运行、维护和修理工作，必须符合防爆性能的各项技术要求。

【案例 4-2】 2019 年 7 月 28 日，四川省旺苍县××煤矿 11031 采煤工作面终采线以西 2 号立眼发生较大瓦斯爆炸事故，造成 3 人死亡、2 人受伤。事故区域采用巷道式采煤工艺，不能形成全风压通风系统；事故前，2 号立眼、3 号立眼、4 号立眼 3 个用风地点共用一台 5.5 kW 的局部通风机供风(额定风量为 110～180 m^3/min)，风量不足且通风极不可靠；事故当班局部通风机停电停风 39 min。2 号立眼上部与采空区连通，其上口被大块煤矸堵塞后，堵塞点上方处于无风状态，采空区瓦斯积聚到堵塞点上方，达到爆炸浓度。违章裸露爆破处理 2 号立眼上口堵塞的大块煤矸，引爆积聚瓦斯，导致事故发生。

3. 防止瓦斯爆炸灾害扩大

井下局部区域一旦发生瓦斯爆炸，应尽可能缩小其波及范围，避免继发性的瓦斯煤尘爆炸。防止瓦斯爆炸灾害扩大的措施有以下 4 种：

(1) 实行分区通风。每一生产水平和每一采区，都必须布置单独的回风巷，防止事故发生区域对其他区域的影响。

(2) 安设隔爆设施。有煤尘、瓦斯爆炸危险的矿井，都必须按要求安设隔爆水槽或岩粉棚，主要利用它们的降温作用，破坏相邻区域发生继发性煤尘爆炸的条件，防止事故扩大。

(3) 建立矿井紧急避险系统、压风自救系统，以保证发生事故时相关人员避难，减小伤亡损失。

(4) 组织编制灾害预防和处理计划以及事故应急预案,并组织演练,提高逃生能力。

三、煤(岩)与瓦斯(二氧化碳)突出事故及防治

煤(岩)与瓦斯(二氧化碳)突出是指在地应力和瓦斯(二氧化碳)气体压力的共同作用下,破碎的煤(岩)和瓦斯(二氧化碳)瞬间由煤体(岩体)内突然喷出到采掘空间的现象。煤与瓦斯突出是一种破坏性极强的动力现象,常发展成较大型事故。由于强大的能量释放,能摧毁井巷设施,破坏通风系统,造成人员窒息,甚至引发火灾和瓦斯、煤尘爆炸等二次事故,严重时会导致整个矿井正常生产系统瘫痪。

(一) 煤与瓦斯突出的预兆

(1) 有声预兆。煤层在变形过程中发出劈裂声、爆竹声、闷雷声,间隔时间不一,在突出瞬间常伴有巨雷般的响声;支架受力发出“嘎嘎”声音甚至折裂声音。

(2) 无声预兆。其主要表现是:① 煤层结构变化,层理紊乱,煤层由硬变软,由薄变厚,倾角由小变大,煤由湿变干,暗淡无光泽,煤层顶底板出现断裂,煤岩严重破坏等;② 瓦斯涌出异常(忽大忽小)、煤尘增大、气温异常、气味异常,打钻喷瓦斯、喷煤粉并伴有哨声、蜂鸣声等;③ 地压显现、煤岩开裂掉渣、底鼓、煤岩自行剥落、煤壁颤动、钻孔变形等。

(二) 煤与瓦斯突出的预防措施

突出矿井应当根据实际状况和条件,制定区域综合防突措施和局部综合防突措施。

区域综合防突措施是指在突出煤层进行采掘前,对突出煤层较大范围采取的防突措施。区域综合防突措施包括开采保护层和预抽煤层瓦斯两类。开采保护层分为开采上保护层和开采下保护层两种方式。预抽煤层瓦斯可采用的方式有地面预抽煤层瓦斯、井下穿层钻孔预抽煤层瓦斯和顺层钻孔预抽煤层瓦

斯等。

局部综合防突措施包括预震动爆破、水力冲孔、金属骨架、煤体固化、注水湿润煤体或其他经试验证实有效的防突措施。

【案例 4-3】 2021 年 4 月 9 日，贵州省毕节市金沙县××煤矿发生较大煤与瓦斯突出事故，造成 8 人死亡、1 人受伤。该矿 10901 开切眼掘进工作面区域和局部防突措施不到位，预抽瓦斯钻孔未覆盖掘进区域，施工超前排放钻孔诱发煤与瓦斯突出。该矿采用将甲烷传感器放入压风自救袋或风筒内等方式人为造成甲烷传感器失效；隐瞒井下存在突出预兆的重大隐患，并在监管人员到矿检查时阻碍、隐瞒现场真实情况。

第三节　矿尘灾害防治

矿尘是指在矿山生产过程中产生的并能长时间悬浮于空气中的煤炭或岩石的细微颗粒，也称粉尘。煤矿生产过程中，凿岩、割煤、爆破、装运、破碎等作业都产生大量的矿尘。

一、矿尘的危害

矿尘具有很大的危害性，表现在以下几个方面。

动画

(1) 污染工作场所，危害人体健康，引起职业病。工人长期吸入矿尘后，轻者会患呼吸道炎症、皮肤病等，重者会患尘肺病。由尘肺病引发的矿工致残和死亡人数在国内外都是十分惊人的，应当引起重视。

(2) 煤尘在一定条件下可以爆炸(图 4-8)。煤尘能够在完全没有瓦斯存在的情况下爆炸。对于瓦斯矿井，煤尘则有可能与瓦斯同时爆炸。

(3) 加速机械磨损，缩短精密仪器的使用寿命。

(4) 降低工作场所的能见度，增加工伤事故的发生量。工作面能见度极低，往往会导致误操作，造成人员意外伤亡。

图 4-8　矿尘危害

二、煤尘爆炸的条件

煤尘爆炸必须同时具备 4 个条件，缺一不可。

（1）煤尘本身具有爆炸性。煤尘可分为爆炸性煤尘和无爆炸性煤尘。煤尘的挥发分越高，越容易爆炸。煤尘有无爆炸性，要通过煤尘爆炸性鉴定才能确定。

（2）煤尘的爆炸浓度。具有爆炸性的煤尘只有在空气中呈浮游状态并具有一定的浓度时才能发生爆炸。煤尘的爆炸浓度受很多因素的影响，瓦斯的存在将使煤尘爆炸浓度下限降低，从而增加了煤尘爆炸的危险性。随着瓦斯浓度的升高，煤尘爆炸浓度下限急剧下降。

（3）高温热源。能够引燃煤尘爆炸热源温度的变化范围比较大，它与煤尘中挥发分含量有关。煤矿井下能点燃煤尘的高温火源主要为爆破时出现的火焰、电气火花、冲击火花、摩擦高温、井下火灾和瓦斯爆炸等。

(4) 足够的氧气含量。空气中氧气含量不低于18%。

【案例4-4】 2020年8月20日,山东省××煤矿发生较大煤尘爆炸事故,造成7人死亡、9人受伤。事故直接原因:该矿35003综放工作面采煤机在截割过程中滚筒截齿与中间巷金属支护材料(锚杆、锚索、钢带)机械摩擦产生的火花,引燃截割中间巷松软煤体扬起的煤尘(悬浮尘),导致煤尘爆炸。

三、煤尘爆炸的预防措施

煤尘爆炸的预防措施主要包括3个方面。

(一) 减尘、降尘

减尘、降尘是通过减少煤尘产生量或降低空气中悬浮煤尘含量以达到从根本上杜绝煤尘爆炸可能性的措施。其主要方法有煤层注水、使用水炮泥、喷雾降尘、清除落尘等。

(二) 防止引燃煤尘

防止引燃煤尘的措施与防止瓦斯引燃的措施大致相同。特别要注意:瓦斯爆炸往往会引起煤尘爆炸。此外,煤尘在特别干燥的条件下可以产生静电,放电时产生的火花也能引起自身爆炸。

(三) 隔绝煤尘爆炸

为防止煤尘爆炸事故的扩大,可以采取撒布岩粉、设置隔爆水槽等隔绝爆炸范围的措施。

【案例4-5】 2019年1月12日,陕西省××煤矿发生煤尘爆炸事故,造成21人死亡。该矿为民营企业,核定生产能力0.9 Mt/a,属低瓦斯矿井,煤尘具有爆炸危险性。该矿506非正规连采工作面采空区及与其连通的老空区顶板大面积垮落,压缩采空区气体形成强气流,从与采空区连通的巷道冲出,吹扬起巷道内沉积的煤尘,并达到爆炸浓度,非防爆四轮运煤车点燃煤尘,发生煤尘爆炸。

第四节　矿井火灾防治

矿井火灾事故常常是煤矿井下发生非控制性燃烧而酿成的事故。矿井火灾能够烧毁生产设备、设施，造成资源损失，产生大量高温烟雾及一氧化碳等有害气体，可以导致人员伤亡。

一、矿井火灾的分类

根据引起火灾的热源不同，将矿井火灾分为内因火灾和外因火灾两类。内因火灾是指由于煤炭及其他易燃物自身氧化积热发生燃烧引起的火灾，又称为煤炭自燃。外因火灾是指由外部火源引起的火灾。

二、矿井内因火灾的防治

（一）煤炭自燃的条件

煤炭自燃必须具备以下4个条件：

（1）煤本身具有自燃倾向，并呈破碎状态堆积存在。

（2）连续的通风供氧维持煤的氧化过程不断发展。

（3）煤氧化生成的热能大量蓄积，难以及时散失。

（4）以上3个条件同时存在且时间大于煤炭自燃的发火周期。

（二）煤炭自燃的预兆

煤炭自燃初期，人体所能感受到的预兆有：

（1）空气湿度增大，有雾气，煤壁和支架上挂有水珠。

（2）空气温度升高，出水温度也高。

（3）出现如汽油味、煤油味、煤焦油味等。

（4）人体不适，出现头痛、头晕、恶心、呕吐、四肢无力、精神不振等症状。

煤炭自燃易发生的地点有采空区（特别是未及时封闭或封闭不严且留有大量浮煤的采空区）、煤柱内、煤层巷道的冒空垮帮处、地质构造附近。

（三）煤炭自燃的预防措施

（1）选择合理的开拓、开采技术。

（2）通风系统要合理。

（3）加强温度和一氧化碳气体的检测。

（4）及时封闭采空区。采煤工作面回采结束后，必须在45天内进行永久性封闭。

动画

（5）可采用预防性灌浆或用阻化剂防火的技术手段。阻化剂是一些吸水性很强的无机盐类化合物，将阻化剂溶液喷洒在煤壁上、采空区或注入煤体内，具有阻止煤炭氧化和自燃的作用。

（6）可采用胶体材料防火，如凝胶防火、胶体泥浆防火等。

三、矿井外因火灾的预防

（一）外因火灾产生的原因

（1）明火。违章吸烟、使用电炉、灯泡取暖、电焊、气焊、喷灯熔断与焊接等都会产生明火。

（2）电火花：① 电气设备失爆、过负荷运行、短路产生的电火花；② 带电检修、搬迁电气设备产生的电火花；③ 电缆存在"鸡爪子""羊尾巴"和明接头等，易产生电火花。

（3）违章爆破火焰。使用严重变质或过期的炸药，封泥不严、不实或封泥量不够，最小抵抗线不够，裸露爆破等违章爆破会产生火焰，引起火灾。

（4）机械设备摩擦生热或撞击火花易引起火灾。

（5）瓦斯、煤尘爆炸可继发火灾事故。

【案例4-6】 2020年9月27日，重庆市××煤矿井下二号大倾角带式输送机运煤上山发生重大火灾事故，造成16人死亡、42人受伤。事故直接原因：该煤矿二号大倾角运煤上山带式输送机下方煤矸堆积，起火点−63.3 m标高处回程托辊被卡死、磨穿形成破口，内部沉积粉煤；磨损严重的输送带与起火点回程托辊滑动摩擦产生高温和火星，点燃回程托辊破口内积存的粉煤；带式输送机运转监护工发现输送带异常情况，电话通知地面集控中心停止输送带运行，紧急停机后静止的输送带被引燃，输送带阻燃性能不合格、巷道倾角大、上行通风，火势增强，引起输送带和煤混合燃烧；火灾烧毁设备，破坏通风设施，产生的有毒有害高温烟气快速蔓延至2324-1采煤工作面，造成重大人员伤亡。

（二）外因火灾的预防措施

（1）井口房和通风机房附近20 m内，不得有烟火或用火炉取暖。

（2）入井人员严禁携带烟草和点火物品，严禁穿化纤衣服。

（3）井下严禁使用灯泡取暖和使用电炉。

（4）矿井必须设地面消防水池和井下消防管路系统。

（5）井筒、平硐与各水平的连接处及井底车场，主要绞车道与主要运输巷、回风巷的连接处，井下机电设备硐室，主要巷道内带式输送机机头前后两端各20 m范围内，都必须用不燃性材料支护。

（6）井下和井口房内不得从事电焊、气焊和喷灯焊接等工作。如果必须在井下主要硐室、主要进风井巷和井口房内进行电焊、气焊和喷灯焊接等工作，每次必须制定安全措施。

（7）井下使用的汽油、煤油和变压器油必须装入盖严的铁桶内，由专人押运送至使用地点，剩余的汽油、煤油和变压器油必须运回地面，严禁在井下存放。

（8）井下使用的润滑油、棉纱、布头和纸等，必须存放在盖严的铁桶内。用过的棉纱、布头和纸，也必须放在盖严的铁桶内，并由专人定期送到地面处理，不得乱放乱扔。严禁将剩油、废油泼洒在井巷或硐室内。

（9）井上下必须设置消防材料库。井下工作人员必须熟悉灭火器材的使用方法，并熟悉本从业人员作业区域内灭火器材的存放地点。

(10) 井下爆炸材料库、机电设备硐室、检修硐室、材料库、井底车场、使用带式输送机或液力偶合器的巷道以及采掘工作面附近的巷道，应备有灭火器材，其数量、规格和存放地点，应在灾害预防和处理计划中确定。

不管是外因火灾还是内因火灾，在火灾初期如果能将火扑灭应及时灭火，如果不能灭火则应尽快撤离火区逃生避险(图 4-9)。

图 4-9　火灾逃生避险

【案例 4-7】　2020 年 12 月 4 日，重庆市永川区××煤矿发生火灾事故，造成 23 人死亡、1 人重伤。重庆市××公司在该煤矿井下回撤设备时，回撤人员在－85 m 水泵房内违规使用氧气/液化石油气切割水泵吸水管，掉落的高温熔渣引燃了水仓吸水井内沉积的油垢，油垢和岩层渗出油燃烧产生大量有毒有害烟气，在火风压作用下蔓延至进风巷，造成人员伤亡。

四、矿井常用的灭火方法

(一) 直接灭火

矿井火灾发生初期，一般火势不大，应该尽早采取一切可能的办法进行直接灭火。假若贻误灭火良机，火势迅速蔓延就容易酿成重大火灾事故。直接灭火的方法主要有：

(1) 清除可燃物。将已经发热或者燃烧的煤炭以及其他可燃物挖出、清除，这是扑灭矿井火灾最彻底的方法。采取这种方法的前提是火区涉及范围不大、火区瓦斯不超限、人员可以直接到达发火地点。

(2) 用水灭火。水是最有效、最经济、来源最广泛的灭火材料。用水灭火必须注意的问题是：① 要有足够的水量；② 灭火人员要站在上风侧工作，以免产生过量的水蒸气伤人；③ 必须保持一个畅通的排烟通道，以防高温的水蒸气和烟流返回伤人；④ 不能用水扑灭带电的电气设备火灾，不宜用水扑灭油料火灾。

(3) 用沙子、岩粉、灭火器灭火。沙子常用于扑灭初期的电气火灾和油类火灾。井下灭火器主要有干粉灭火器、泡沫灭火器、高倍数泡沫灭火器等。

(二) 隔绝灭火

隔绝灭火又称为封闭火区。构筑防火墙(密闭)或注入惰性气体，隔绝火区空气的供给，减少火区的氧浓度，使火区因缺氧而熄灭。这种方法适用于火势猛、火区范围较大、无法直接灭火的火灾。在实施封闭火区灭火时，应遵循封闭范围尽可能小、防火墙数量尽可能少和有利于快速施工的原则。

(三) 综合灭火

综合灭火就是隔绝灭火与其他灭火的综合应用，如在封闭火区的基础上，再采取灌浆、注入惰性气体或喷阻化剂等措施。

第五节　矿井水害防治

在矿井建设和生产过程中，地下水或地表水通过各种通道进入矿井，正常情况下这些水可以通过排水系统排出地面；当水量大、来势迅猛，不能及时有效排出时就会造成人员伤亡和财产损失（图 4-10）。

图 4-10　水害防治

一、矿井水来源

（1）地表水。地表水源主要有降雨，包括地表上的江河、湖泊、沼泽、水库和洼地积水等。它们在一定条件下都可能通过各种通道进入矿井形成水害，同时还可能成为地下水的补给水源。

（2）老空水。废弃的小煤窑、旧井巷和采空区的积水叫作老空水。老空水一般静压大，积水多时，常带出大量有害气体，危害性很大。

动画

（3）断层水。在断层面上往往形成松散的破碎带，具有裂隙和孔洞，里面常有积水。

（4）含水层水。煤系地层中的流砂层、砂岩层、砾岩层等，有丰富的裂隙可以积存水。

（5）岩溶陷落柱水。石灰岩层长期受地下水侵蚀形成溶洞。由于重力作用和地壳运动，上部的煤（岩）失去平衡而垮落，使煤系地层形成陷落柱，柱内常有积存水。

（6）钻孔水。在进行煤田地质勘探时打的钻孔，如果封闭不良，孔内常有积存水。

二、矿井透水预兆

井下发生透水前一般都会出现一些预兆，煤矿从业人员都应该熟悉并识别这些预兆，以便及时采取防范措施。

(1) 气温下降。当采掘工作面接近积水区时，气温会骤然下降，煤壁发凉，变得潮湿发暗，人一进去就有阴冷的感觉。

(2) 水雾增多。井下空气中含有大量水蒸气，湿度较大，遇到低温，水蒸气便冷凝成雾气。

(3) 煤壁挂汗。当采掘工作面接近积水区时，水在自身压力下，通过煤岩裂隙，在煤岩壁上聚成许多水珠，叫作挂汗。采掘时应注意观察煤岩壁的新鲜面，若潮湿、挂汗，则属于透水预兆。

(4) 煤壁挂红。煤壁上浸出的水发涩，有硫化氢臭味，附着在裂隙表面有暗红色氧化铁锈，这是接近老空积水的预兆。

(5) 有水叫声。地下的高压水向煤岩裂缝强烈挤压时与两壁摩擦而发出"嘶嘶"响声。煤巷掘进听到此声，已离积水区很近。

(6) 顶板异常。如果水体在顶板上方，由于水体压力作用，使顶板来压，出现裂缝和淋水，而且淋水越来越大，煤壁片帮、掉渣，这是很快就要突水的征兆。

(7) 底板异常。如果水体在底板下面，水量大而压力高，就会出现底板鼓起，产生裂隙，出现渗水，有时会出现压力水喷射出来。

(8) 有害气体增加。老空积水中往往含有有害气体，采掘工作面接近老空积水时，空气中的瓦斯、二氧化碳、硫化氢等气体就有可能增加。

(9) 水色发浑，有臭味。老空水一般发红、味涩，断层水一般发黄、味甜，溶洞水常有臭味。

(10) 裂隙出现渗水。水清说明离积水区尚远，若出现浑浊则离积水区很近。

上述预兆不一定是同时发生的，井下发现突水预兆时，应当停止作业，采取措施，撤出所有受水威胁地点的人员，报告矿调度室，并发出警报。

【案例 4-8】 2021 年 4 月 10 日，新疆昌吉州呼图壁县白杨沟××煤矿发生重大透水事故，造成 21 人死亡。事故原因：该矿 B4W01 回风巷掘进至 1056.6 m(平距)时，掘进迎头与××煤矿 1 号废弃轨道上山之间的煤柱仅有 1.8 m。煤矿违章指挥、冒险组织掘进作业，在老空积水压力和掘进扰动作用下，××煤矿老空水突破有限煤柱，通过 1 号废弃轨道上山溃入该矿 B4W01 回风巷，造成重大透水淹井事故。事故前该矿技术人员和物探人员在掘进工作面迎头发现顶部锚杆和锚索均有淋水、短探孔出水、煤壁挂汗等典型透水征兆后，仍未停止作业、撤出人员，综掘机直接掘透废弃巷道老空水，导致透水事故发生。

三、突水事故易发地点

(1) 接近水淹井巷、老空、老窑的地点。

(2) 接近含水层、导水断层、溶洞、陷落柱的地点。

(3) 接近水文地质复杂地区，并有出水征兆的地点。

(4) 接近灌浆区域，可能出水钻孔的地点。

(5) 打开隔离煤柱放水的地点。

(6) 接近可能与河床、湖泊、水库、蓄水池、水井等相近的断层破碎带。

四、矿井水害防治原则

矿井水害防治工作应当坚持“预测预报，有疑必探，先探后掘，先治后采”的十六字原则，这也是矿井水害防治工作的基本程序。

(1)“预测预报”是水害防治的基础，是指在查清矿井水文地质条件的基础上，运用先进的水害预测预报理论和方法，对矿井水害做出科学的分析判断和评价。

(2)“有疑必探”是根据水害预测预报评价结论，对可能构成水害威胁的区域，采用物探、化探和钻探等综合探测技术手段，查明或排除水害。

(3)“先探后掘”是指先综合探查,确定巷道掘进没有水害威胁后再掘进施工。

(4)“先治后采”是指根据查明的水害情况,采取有针对性的治理措施排除水害隐患后,再安排采掘工程。

【案例 4-9】 2021 年 8 月 14 日,青海省海北州××煤矿发生顶板抽冒导致溃砂溃泥事故,造成 20 人死亡。该矿+3690 m 综放工作面顶部疏放水不彻底,工作面出现异常淋水,综采支架曾多次发生局部片帮冒顶,甚至液压支架被“压死”、工作面被封堵,但未采取有效措施进行治理,井下工人实名举报后,仍强行挑顶提架,违章冒险清淤,强行挑顶提架作业,导致顶煤抽冒,大量顶煤、渣石及水混合物呈泥石流状迅速溃入工作面及运输巷,导致事故发生。

五、矿井水害防治综合措施

《煤矿防治水细则》要求根据不同水文地质条件,采取探、防、堵、疏、排、截、监等综合防治措施,这些综合防治措施是水害防治的基本技术方法。

(1)“探”主要是指采用超前勘探方法,查明采掘工作面周围水体的具体位置和贮存状态等情况,为有效防治矿井水害做好必要的准备,其在水害防治措施中居核心地位和起先导作用。

(2)“防”主要是指合理留设各类防隔水煤(岩)柱和修建各类防水闸门或防水闸墙等,防隔水煤(岩)柱一旦确定,不得随意开采破坏。

(3)“堵”主要是指注浆封堵具有突水威胁的含水层或导水断层、裂隙和陷落柱等导水通道。

(4)“疏”主要是指探放老空水和对煤层开采有影响的含水层进行疏水降压。

(5)“排”主要是指完善矿井排水系统,排水管路、水泵、水仓和供电系统等必须配套。

(6)“截”主要是指加强地表水(河流、水库、洪水等)和地下水(帷幕截流等)的截流治理。

(7)“监”主要是指建立矿井地下水动态监测系统,必要时建立突水监测预警系统,及时掌握地下水的动态变化。

第六节　顶板灾害防治

煤矿开采过程中采掘工作面或已掘进的巷道内所发生的冒顶、片帮和掉渣等造成的人身伤亡和生产事故,统称为顶板事故。按顶板事故发生的地点不同,顶板事故可分为巷道顶板事故和工作面顶板事故两大类。

动画

一、巷道顶板灾害防治

(一)巷道顶板事故预兆

(1)异常声音。顶板下沉断裂、支架下压都会发出声响。

(2)顶板掉渣。

(3)巷道两帮煤体压酥,片帮煤增加。

(4)顶板裂隙增大、淋水增多。

(5)漏顶。背部支护不严处会发生漏顶现象。

(6)瓦斯涌出量增大。

(7)顶板离层。判断顶板是否离层,可以采用顶板离层监测仪法、敲帮问顶法等方法。敲帮问顶法:技术人员可以站在安全的位置,使用长钢钎将破碎的岩石和煤层捅掉,然后使用镐、斧或钢钎对顶板进行敲打,若声音清脆,则表明没有剥落层;若存在剥落层且较厚而不容易辨认时,可以使用震动问顶法,即用左手将顶板按住,然后用右手持工具敲击,若左手能感觉轻微震动,表明存在剥落层,需要进行支护处理。

(二) 巷道顶板事故的防范措施

加强掘进工作面顶板安全管理是防范巷道顶板事故的关键。

(1) 按作业规程规定施工。巷道的横断面形状和尺寸、支护材料、支护形式,钻眼眼位、钻眼角度、钻眼深度、炮眼装药量和爆破等各工序的有关参数或掘进机的进尺等都是经过专门设计得到的,应严格按设计规定施工,不能随意更改。

(2) 敲帮问顶。上班进入工作面、支护作业前、打眼爆破前等均应敲帮问顶,处理隐患,排除不安全因素后再作业。

(3) 及时支护控制工作面控顶距离(图 4-11)。超过规定的控顶距应先支护后掘进;发现顶板破碎或变松软时应采用前探支架维护顶板。

图 4-11　及时支护

(4) 加强支护检查。发现断梁折腿或变形严重的支架,应加固修复。修复巷道时,修复地点以里的人员应全部撤出,预防冒顶堵人;工作面因爆破倒塌的支架应由外向里逐架扶棚复位。

(5) 支护失效替换支架时,必须先护顶,支好新支架,再拆老支架。

(6) 斜巷维修巷道顶梁时，必须停止行车，必要时制定安全措施。

(7) 加强淋水的工作面、顶板的管理。根据实际条件分别采用预注浆封水、快硬砂浆堵水、截水槽或截水棚截水等方法将水引离工作面。顶板淋水不大时，用风管边吹边喷砂浆止水。有淋水的地段，要加大支架密实度、背严顶帮，提高支架的稳定性，防止冒顶事故发生。

(8) 加强掘进工作面过断层、裂隙和岩性突变地带的顶板控制。对上述地段的顶板应缩小支架间距、用撑杆把支架连在一起，防止支架被拖垮；增加锚杆、锚索间排距，必要时注浆加固。

【案例 4-10】 2021 年 11 月 20 日，云南省昭通市××煤矿二采区＋2310 m 带式输送机运输斜巷掘进工作面发生一起顶板事故，造成 1 人死亡、1 人受伤。事故直接原因：掘进工作面遇断层，围岩破碎，未及时对顶帮进行支护；作业人员违章冒险进入空顶区域，顶板冒落造成事故。

(三) 巷道冒顶事故的处理

(1) 先加固好冒落部位前后的支架，使用工字钢支架、U 形钢支架等支护的，根据压力情况加密支架间距。

(2) 支架要及时封顶，顶板要背严插实，防止冒顶范围扩大，可用撞楔法在冒顶区打入铁钎或小圆木，用竹笆或板皮背严。

(3) 清理冒落的煤矸，在无冒落危险的情况下，尽快架好冒落部位的支架。

(4) 排好护顶木垛。

【案例 4-11】 2020 年 2 月 23 日，山西省××公司 6103 回风巷发生一起顶板事故，造成 3 人死亡。事故直接原因：事故发生前，事故地点附近巷道顶板已发生两次冒落，但该矿对此安全隐患辨识不清，安全风险管控不力。现场人员在无临时支护的情况下违章进行补强支护作业，施工过程中顶板失稳冒落，导致事故发生。

二、采煤工作面顶板灾害防治

（一）采煤工作面顶板事故预兆

在顶板事故发生前一般都有预兆，这些预兆可分为以下几个方面：

(1) 声音：基本顶断裂时会发出鸣炮声、闷雷声；直接顶破碎发出破裂声；支护设备有劈裂声。

(2) 直接顶：下沉速度加快，下沉量增大，裂隙条数增多并加宽，出现掉渣、“下矸石雨”现象，弯曲下沉。

(3) 支护设备：支柱受力增大出现钻底，活柱下缩速度加快，下缩量加大，有时支柱被压裂、压断或支柱整体向一侧倾斜。

(4) 煤壁：煤壁被压酥，片帮速度加快，片帮量加大。

(5) 压力显现：底板鼓起、瓦斯增大、淋水增大。

（二）采煤工作面顶板事故防范措施

(1) 支护方式要与顶板岩性相适应，不同岩性的顶板要采取不同的支护方式。

(2) 采煤以后要及时支护，特别是对于破碎松软顶板，一定要及时支护，缩短顶板的悬露时间。普采工作面要及时挂梁，综采工作面要跟紧采煤机后移架，掘进工作面要采用前探梁支护。

(3) 普通机械化采煤，在整体推移输送机时要采取有效措施，采用边移输送机边去掉临时柱，并紧跟着打基本支柱的方法。

(4) 工作面上下出口处要设有特殊支护。因为在上下出口处空顶面积大，顶板外露时间长，在超前压力作用下顶板下沉量大，另外在移机头机尾时，反复支撤支柱，对顶板破坏很大更易冒顶。

(5) 炮采工作面防止爆破崩倒棚子。一是炮眼布置必须合理，装药量要适当；二是支护质量必须合格，要牢固有劲，不搭在浮煤上（如爆破崩倒棚子，必须及时架设，不许空顶）。

（6）坚持敲帮问顶制度，人员进入工作面后首先进行敲帮问顶工作，检查顶板，对已经离层的顶板要处理下来，处理不下来时要打点柱支撑，防止冒顶伤人（图 4-12）。

图 4-12 敲帮问顶

（7）坚持工作面正规循环作业。实现正规循环作业，可有效缩短工作面顶板悬露的时间，从而减小顶板下沉量，工作面支护整齐有力，不易折断，使顶板得到有效控制。

（8）采取正确的回柱方法，严格执行放顶程序，特别是对每茬交接处的最后一两根柱子要特别小心，严禁违章回柱。

【案例 4-12】 2020 年 11 月 16 日，四川省荣县××煤矿 108 采煤工作面发生一起顶板事故，造成 1 人死亡。事故直接原因：作业人员在工作面进行起底、铲砂作业时，在未严格执行敲帮问顶制度、未检查支护的情况下违章冒险作业，单体液压支柱倾倒，顶板矸石垮落，压埋作业人员，导致事故发生。

第七节　冲击地压灾害防治

冲击地压是矿井巷道和采场周围煤岩体由于变形能的释放而产生的以突然、急剧、猛烈破坏为特征的特殊的矿山压力现象。

动画

一、冲击地压的特征

(1) 突然爆发。冲击地压发生前,预兆不明显。

(2) 巨大声响。冲击地压爆发的瞬间伴有雷鸣般的响声。

(3) 冲击波强。煤体内积聚的弹性能突然释放,产生强大的冲击波。它能冲倒几十米至几百米内的风门、风墙等设施。

(4) 弹性震动。冲击地压发生时在围岩内引起弹性震动,人员被弹起摔倒,甚至输送机、轨道等重型设备可能被震动和推移,地面人员有时都能感觉到这种震动。

(5) 煤体移动。根据现场观测,浅部冲击时煤体发生移动,煤体移动时在顶板接触面上留有明显的棕褐色擦痕。

(6) 顶板下沉或底板鼓裂。冲击地压发生时,常导致顶板下沉或底鼓。

(7) 煤帮抛射性塌落。塌落多发生在煤帮上部到顶板的一段,越靠近顶板塌落越深,强烈冲击时,塌落深度可达 1.5～2.0 m。

二、冲击地压的预测方法

为了对有冲击危险的煤层及时采取防治措施,必须进行预测。冲击地压虽是瞬时发生的,但发生之前有预兆,进行预测是可能的。

(一) 顶板动态法

冲击地压发生之前的预兆表现为:煤岩层向已采空间运动加剧,顶板岩层断裂声加剧,采空区有雷声,顶板下沉,煤壁片帮;打煤层眼时,钻杆卡住不易拔出,支柱折断,柱帽压缩等;采煤工作面和巷道压力有明显的增大现象。只要认真观察分析，掌握其规律，就能及时进行预报。

（二）钻屑法

钻屑法是通过在煤层中打直径为42～50 mm的钻孔，根据排出的煤粉量及其变化规律和有关的动力效应，鉴别冲击危险的一种方法。

（三）微震法或地音监测法

用微震仪或地音仪记录这一系列地震波，根据地震波的强弱变化规律与正常地震波相比可以判断煤层或岩体发生冲击的倾向程度。

此外，还有电磁辐射法、能量法、综合指数法及综合预测法等。

三、冲击地压的防治方法

根据发生冲击地压的成因和机理，冲击地压的主要防治措施应是避免产生应力集中。

（一）选择合理的开采方法

(1) 开采保护层。开采煤层时，为了降低潜在危险层的应力，可先开采保护层。当所有煤层都有冲击地压危险时，应先开采冲击地压危险性最小的煤层。当有冲击地压危险的煤层顶底板都赋存有保护层时，应先开采顶板保护层。

(2) 避免形成孤立煤柱。划分井田和采区时，应保证有计划地合理开采，避免形成应力集中的孤立煤柱，不允许在采空区内留煤柱，巷道上方不留煤柱，有条件的采区上山、采区边界及区段巷道采用无煤柱开采技术，以避免应力集中。

(3) 选择合理的开采方法。开采有冲击地压危险的煤层时，应尽量采用长壁采煤法、全部垮落法管理顶板。

(4) 选择合理的巷道布置方式。开采有冲击地压危险的煤层时，应尽量将主要巷道和硐室布置在底板岩石中。

(5) 合理安排开采程序。要合理安排开采程序，防止采煤工作面三面被采空区包围，形成“半岛”。采煤工作面应采用后退式开采，避免相向采煤。

（二）煤层预注水

煤层预注水的目的主要是降低煤体的弹性和强度，减少其潜能。

（三）钻孔卸压法

钻孔卸压法是利用钻孔降低积聚在煤层中的弹性能，是释放弹性能的一种方法。

（四）震动爆破法

震动爆破法是在安全的条件下，用爆破方法释放煤层积聚的能量，使煤层裂隙松动。

【案例 4-13】 2021 年 10 月 11 日，陕西省彬长矿业有限公司××煤矿发生冲击地压事故，造成 4 人死亡、6 人重伤。经初步分析，402104 工作面于 9 月 19 日进入二次“见方”影响区域，回风巷超前段底鼓、顶板下沉严重，事故发生时正组织对该段巷道进行维修施工。事故暴露的主要问题：一是 402104 工作面防冲限员管理不到位，未按要求进行防冲限员；二是进入二次“见方”后制定的专项措施未落实到位；三是二次“见方”后未排查卸压孔，塌孔后的卸压孔未及时进行补打；四是未按防冲设计要求进行施工钻屑法，钻屑法施工过程中出现卡钻、吸钻、异响以及煤粉颗粒变化等现象后，要立即停止工作面生产进行施工解危措施；五是防冲风险隐患排查未排查到位，排查后未按制定的管控措施进行治理。

水　　火　　瓦斯　　矿尘　　顶板

更多事故案例，每年更新，请购买正版图书。

第五章　事故应急处置与自救互救

第一节　事故报告与现场紧急处置

一、事故报告

事故发生后，现场人员应尽量了解和判断事故的性质、地点和灾害程度，在认真积极地消灭或控制事故的同时，及时向矿调度室报告灾情，并迅速向可能受灾的人员发出警报。

(1) 报告形式。就近用电话报告，一般井下各工作地点都有防爆电话。

(2) 报告对象。首先应向矿调度室报告，矿调度室值班领导可根据灾情及时向上级汇报或组织人员抢救。若首先向本区队领导报告，往往会延误抢救时机。

(3) 报告内容。报告内容包括事故性质、发生地点、影响范围、人员伤亡以及现场抢救、撤离情况。

(4) 报告方法。沉着冷静地把话说清楚，要如实报告灾情，不能含混不清。若不清楚就说“不清楚”，弄清楚后再次汇报。

二、现场紧急处置

事故发生后，灾区内或受威胁区的人员，要迅速判断事故性质，利用现场条件，在保证安全的前提下采取措施，将事故消灭在初始阶段或最大限度地降低事故的危害程度。

(1) 在消除事故灾害时，要保持统一指挥和组织，严禁冒险蛮干和单独行动。

(2) 在抢救过程中,必须保证自身安全。

(3) 在抢救伤员时,必须坚持“三先三后”的原则,即先救生还者,后救已死亡者;先救受伤较重者,后救受伤较轻者;对于窒息,心跳、呼吸停止,出血,骨折的伤员,先复苏、止血、固定,然后再搬运。

(4) 采取各种措施,消除初始灾害,防止灾区情况恶化。

三、避灾行动原则

(一) 及时报告

发生灾情后,事故地点附近的人员应尽量了解和判断事故的性质、地点和灾害程度,利用最近处的电话或其他方式迅速地向矿调度室汇报,并向事故可能波及的区域发出警报,使其他工作人员尽快知道灾情。

(二) 积极抢救

根据灾情和现场条件,在保证自身安全的前提下,采取积极的方法和措施,及时进行现场抢救,将事故消灭在初始阶段或控制在最小范围。

(三) 安全撤离

当受灾现场不具备事故抢救的条件,或抢救事故可能危及自身安全时,应按规定的避灾路线和当时的实际情况,尽量选择安全条件最好且距离最短的路线,迅速撤离危险区域(图 5-1)。

(四) 妥善避灾

在灾变现场无法撤退时,如矿井冒顶堵塞、火焰或有害气体浓度过高无法通过以及在自救器有效工作时间内不能到达安全地点时,应迅速进入预先筑好的或就近快速建造的临时避难硐室,妥善避灾,等待矿山救护队的救援。在避灾时要注意给外面的救援人员留有信号标记。

四、避灾路线

在制定矿井灾害预防和处理计划时,应预计到矿井存在的自然灾害因素及可能发生各种事故的地点、情况,从而规定一旦发生某

图 5-1　按路线撤退

种事故后人员的撤退路线，这个撤退路线就是避灾路线。避灾路线应设置明显的路标，方向要标明，并使全矿人员熟悉掌握，使大家都知道何地发生何种事故后，人员从哪条路线上撤退是最安全的。

第二节　井下主要事故的自救与互救

一、瓦斯、煤尘爆炸事故时的自救与互救

瓦斯、煤尘爆炸会毁坏井巷和设备，危及矿工生命安全。井下从业人员一旦遇到或发现瓦斯、煤尘爆炸，需要沉着、冷静，保持清醒的头脑，临危不乱，采取措施进行自救。其具体方法如下：

(1) 爆炸前的预兆。井下工作人员应了解和掌握瓦斯、煤尘爆炸的预兆，生产过程中一旦发现预兆现象，应立即沉着、冷静、迅速地采取应急自救与互救措施。

(2) 背向空气震动冲击波到来的方向，俯卧倒地，面部贴在地面以降低身体高度，避开冲击波的强力冲击，并暂时屏住呼吸，用湿毛巾捂住口鼻，防止把火焰吸入肺部造成内部烧伤。

(3) 最好用衣物盖住身体,尽量减少身体暴露面积,以减少烧伤。

(4) 爆炸后要迅速按规定佩戴好自救器,辨清方向,沿正确的避灾路线撤退。撤退前要根据矿井灾害事故应急预案确定撤退路线,尽量选择安全条件好、距离短的避灾路线。

(5) 尽快撤离灾区,到达新鲜空气的安全地点。若巷道破坏严重或后路被堵出不去,不知撤退是否安全时,可以到避难硐室、救生舱或支护较完整的安全地点躲避,等待救援。

听到爆炸冲击声,头脑清醒要镇静。
切莫乱跑与乱冲,立即趴下闭眼睛。
面部捂上湿毛巾,背朝声响和气浪。
双手隐蔽在身下,身体盖严防烧伤。
最好趴在水沟旁,坚固物体做屏障。
迅速戴好自救器,爆炸过后就逃离。
尽快进入新风巷,避灾路线要牢记。
无法逃离进硐室,堵好硐口防毒气。
硐口设置标记物,敲打呼救发信息。

二、煤与瓦斯突出时的自救与互救

采煤工作面发生煤与瓦斯突出或出现预兆时,要以最快的速度通知人员迅速向进风侧撤离。撤离中快速打开隔离式自救器并佩戴好,迎着新鲜风流继续外撤。如果距离新鲜风流太远,应首先到避难硐室内避灾,或利用压风自救系统进行自救。

掘进工作面发生煤与瓦斯突出或出现预兆时,必须迅速向外撤至防突反向风门之外,之后把防突风门关好,然后继续外撤。如果自救器发生故障或佩戴自救器不能安全到达新鲜风流,应在撤出途中到避难所或利用压风自救系统进行自救,等待救护队救援。

瓦斯突出显预兆,赶快撤人并汇报。
戴好隔离自救器,防护眼镜也戴牢。

迎着新风向外撤，沉着迅速井口跑。
无法撤离进硐室，隔离门要紧关闭。
打开硐室压风管，戴好头盔好供气。
节约用灯和食物，硐口明显做标记。
敲打金属发响声，呼救人员来这里。

三、矿井火灾事故时的自救与互救

井下发生火灾时，要抓住时机在火势较小并保证安全的情况下开展灭火工作。如果火势较大不能控制，要立即组织撤离，其间要注意科学自救与互救，互相照应、互相帮助。

(1) 要尽可能迅速了解和判明事故的地点、范围和事故区域的巷道情况、通风系统、风流及火灾烟气蔓延的速度、方向，以及与自己所处巷道位置之间的关系，并根据矿井灾害预防和处理计划及现场的实际情况，确定撤退路线和避灾自救方法。

(2) 位于火源进风侧的人员，应迎着新鲜空气撤退。位丁火源回风侧的人员或在撤退途中遇到烟气有中毒危险时，应迅速戴好自救器，尽快通过捷径进入新鲜空气中或在烟气没有到达之前顺着风流尽快从回风出口撤到安全地点；如果距火源较近且越过火源没有危险时，也可迅速穿过火区撤到火源的进风侧。

(3) 撤退行动既要迅速果断，又要快而不乱，不能狂奔乱跑。撤退中应靠巷道有连通出口的一侧行进，避免错过脱离危险区的机会，同时还要随时注意观察巷道和风流的变化情况，谨防火风压可能造成的风流逆转。

(4) 在烟雾大、视线不清的情况下，应摸着巷道壁前进，以免错过连通出口。有压风管、水管的巷道，要注意利用这些管线的引导作用。

(5) 在有烟雾的巷道撤退时，在烟雾不严重的情况下，即使为了加快速度也不应直立奔跑，而应尽量躬身弯腰，低着头快速前进；如遇烟雾大、视线不清或温度高的情况时，则应尽量贴着巷道底板和巷道壁，摸着轨道或管道等物爬行撤退。

(6) 在高温浓烟的巷道撤退时，应利用巷道内的水浸湿毛巾、衣物，或向身上淋水进行降温，或利用随身物件等遮挡头面部，以防高温烟气的刺激；还应避开通风条件差、瓦斯浓度高、可能会爆炸的巷道。

(7) 如果在自救器有效作用时间内不能安全撤出时，应在设有储存备用自救器的硐室换用自救器后再行撤退，或者撤到避难硐室待救。

(8) 无论是逆风还是顺风撤退，都无法躲避着火巷道或火灾烟气可能造成的危害，则应迅速进入避难硐室；没有避难硐室时应在烟气袭来之前，选择合适的地点就地利用现场条件，快速构筑临时避难硐室，进行避灾自救。

井下火灾一发现，迅速扑灭莫迟延。
火势猛烈难扑灭，赶快汇报求支援。
火区人员守纪律，服从命令听指挥。
辨明方向逆风走，立即戴好自救器。
避灾路线要记清，尽快撤离危险区。
烟雾弥漫道路堵，无法撤离莫踌躇。
躲进硐室风门间，堵严硐口防雾烟。
节约用灯和食物，敲打金属来呼救。

四、矿井透水事故时的自救与互救

(一) 透水后现场人员撤退时的注意事项

(1) 透水后，应在可能的情况下迅速观察和判断透水的地点、水源、涌水量，根据灾害事故应急预案中规定的撤退路线，迅速撤退到透水地点以上的水平，而不能进入透水地点附近及下方的独头巷道。

(2) 行进中，应靠近巷道一侧，抓牢支架或其他固定物体，尽量避开压力水头和泄水流，并注意防止被水中滚动的矸石和木料撞伤(图 5-2)。

图 5-2　沿巷道一侧逃生

(3) 如果透水破坏了巷道中的照明和路标,迷失行进方向时,遇险人员应朝着有风流通过的上山巷道方向撤退。

(4) 在撤退沿途和所经过的巷道交岔口,应留设指示行进方向的明显标志,以提示救援人员注意。

(5) 人员撤退到立井须从梯子间上去时,应遵守秩序,禁止慌乱和争抢。行动中手要抓牢,脚要蹬稳,切实注意自己和他人的安全。

(6) 如果唯一的出口被水封堵而无法撤退时,应有组织地在独头上山工作面躲避,等待救护人员营救。严禁盲目潜水逃生。

(二) 透水后被围困时的避灾自救措施

(1) 当现场人员被涌水围困无法撤出时,应迅速进入避难硐室中,或选择合适地点快速建筑临时避难硐室避灾。如果系老窑透水,则须在避难硐室处建临时挡墙或吊挂风帘,防止被涌出的有毒有害气体伤害。在进入避难硐室前,应在硐室外留设明显标志。

(2) 在避灾期间,遇险煤矿作业人员要保持良好的精神状态，情绪安定、自信乐观、意志坚强。要做好长时间的避灾准备，使用1台矿灯照明或间歇照明，关闭其他矿灯。除轮流担任岗哨观察水情的人员外，其余人员均应静卧，以减少体力和氧气消耗。

（3）避灾时，应用敲击的方法有规律、间断地发出呼救信号，向营救人员指示躲避处的位置。

（4）长时间被困在井下，发觉救护人员到来营救时，避灾人员不可过度兴奋和慌乱，以防发生意外。

透水征兆要记牢，发现征兆就汇报。
采取措施抗灾害，防止淹井把矿保。
人员迅速要撤退，低处要向高处跑。
透水下方有人员，屏住呼吸手抓牢。
防止呛水和溺水，闯过水头最重要。
老空老窑来臭水，赶快戴好自救器。
最后一人关闸门，水泵司机听指挥。
道路隔断无法逃，上山独头地势高。
节约用灯和食物，自身防护要做好。
敲打金属发信号，等待救援莫急躁。
上级派人来抢救，一定救你脱危险。

五、冒顶事故时的自救与互救

（一）采煤工作面冒顶时的自救与互救措施

（1）迅速撤退到安全地点。当发现工作地点有即将发生冒顶的征兆，而当时又难以采取措施防止采煤工作面顶板冒落时，最好的避灾措施是迅速离开危险区，撤退到安全地点。

（2）遇险时要靠煤帮贴身站立或到木垛处避灾。从采煤工作面发生冒顶的实际情况来看，顶板沿煤壁冒落是很少见的。因此，当发生冒顶来不及撤退到安全地点时，遇险者应靠煤帮贴身站立避灾，但要注意煤壁片帮伤人。另外，冒顶时可能将支柱压断或推倒，但在一般情况下不可能压垮或推倒质量合格的木垛。因此，如果遇险者所在位置靠近木垛时，可撤至木垛处避灾。

(3) 遇险后立即发出呼救信号。冒顶对人员的伤害主要是砸伤、掩埋或隔堵。冒落基本稳定后，遇险者应立即采用呼叫、敲打(如敲打物料、岩块，若可能造成新的冒落时则不能敲打只能呼叫)等方法，发出有规律、不间断的呼救信号，以便救护人员和撤出人员了解灾情，组织力量进行抢救。

(4) 遇险人员要积极配合外部的营救工作。冒顶后被煤矸、物料等埋压的人员，不要惊慌失措，在条件不允许时切忌采用猛烈挣扎的办法脱险，以免造成事故扩大。被冒顶隔堵的人员，应在遇险地点有组织地维护好自身安全，构筑脱险通道，配合外部的营救工作，为提前脱险创造良好条件。

(5) 被埋压人员挖出后应首先清理呼吸道，然后根据伤情(呼吸、心跳、出血、骨折等)进行相关现场急救。

(二) 掘进巷道冒顶被堵人员的避灾自救措施

(1) 遇险人员要沉着冷静，切忌惊慌失措，要树立信心，应迅速组织起来，团结协作，尽量减少体力和隔堵区的氧气消耗，做好较长时间的避灾准备，使用1台矿灯照明或间歇照明，关闭其他矿灯。

(2) 如果人员被困地点有压风管路，应打开压风管路闸阀，给被困人员输送新鲜空气，但被困人员应注意保暖。

(3) 如果人员被困地点有电话，应立即用电话汇报灾情、遇险人数和计划采取的避灾自救措施；也可以采用敲击钢轨、管道和岩石等物体的方法，发出有规律的呼救信号，并每隔一定时间敲击1次，不间断地发出信号，以便营救人员了解灾情，组织力量进行抢救。

(4) 维护加固冒落地点和人员躲避处的支架，并经常派人检查，以防止冒顶进一步扩大，保障被堵人员避灾时的安全。

垮面冒顶有征兆，速向调度室汇报。
情况严重别冒险，人员撤离工作面。
如果有人被埋压，抢救过程重安全。
如果巷道堵人员，搞好自救莫迟延。
安全地点来静坐，节灯节食延时间。
随时戴上自救器，严防瓦斯会超限。
轮流扒戳找出口，敲打金属求救援。
上级派人来抢救，一定救你脱危险。

第三节　隔离式自救器

自救器是一种轻便、便于携带、戴用迅速的个人呼吸保护装备。当井下发生火灾、爆炸、煤(岩)与瓦斯(二氧化碳)突出等事故时，供人员佩戴和使用，可有效防止中毒或窒息。《煤矿安全规程》规定，入井人员必须随身携带自救器。

煤矿必须使用隔离式自救器。隔离式自救器能防护所有的有害气体，它的作用包括提供氧气防止窒息和防止有害气体中毒。隔离式自救器包括化学氧自救器和压缩氧自救器两种。

一、化学氧自救器

视频

化学氧自救器是指利用化学生氧物质产生氧气的隔离式呼吸保护器。它用于灾区环境大气中缺氧或存在有毒有害气体的环境，供一般入井人员使用，只能使用一次。

(一) 使用方法

(1) 佩戴位置。将专用腰带穿入自救器腰带环内，固定在背部一侧腰间(图 5-3a)。

(2) 开启扳手。使用时先将自救器沿腰带转到右侧腹前，左手托底，右手拉护罩胶片，使护罩挂钩脱离壳体，再用右手掰锁口带扳手至封印条断开后，丢开锁口带(图 5-3b)。

(3) 去掉上外壳。左手抓住下外壳，右手将上外壳用力拔下、扔掉(图 5-3c)。

(4) 套上挎带。将挎带套在脖子上(图 5-3d)。

(5) 戴好口具。提起口具并立即拔出启动针，使气囊逐渐鼓起，立即拔掉口具塞并同时将口具塞入口中，口具片置于唇齿之间，牙齿紧紧咬住牙垫，紧闭嘴唇(图 5-3e)。

(6) 夹好鼻夹。两手同时抓住两个鼻夹垫的圆柱形把柄，将弹簧拉开，憋住一口气，使鼻夹垫准确地夹住鼻子。

(7) 调整挎带。如果挎带过长，抬不起头，可以拉动挎带上的大圆环，使挎带缩短，长度适宜后，系在小圆环上(图 5-3f)。

(8) 退出灾区。上述操作完成后，开始撤离灾区。途中感到吸气不足时不要惊慌，应放慢脚步，做深呼吸，待气量充足后再快步行走。

（二）使用注意事项

(1) 每班携带自救器前，应检查自救器外壳有无损伤或松动，如发现不正常现象应及时将自救器送到发放室检查校验。

(2) 携带自救器时，应避免碰撞、跌落，禁止将自救器当坐垫用；禁止用尖锐的器具猛砸外壳或药罐；禁止自救器接触带电体或浸泡在水中。

(3) 携带自救器时，任何场所不准随意打开自救器上外壳；如果自救器上外壳已意外开启，应立即停止携带，做报废处理。

(4) 在井下工作时，一旦发现事故征兆，应立即佩戴自救器后迅速撤离。佩戴自救器要求操作准确、迅速。

(5) 佩戴自救器撤离火区时，要冷静、沉着，最好匀速行走。

(6) 在整个逃生过程中，要注意把口具、鼻夹戴好，保证不漏气，严禁从嘴中取下口具说话。

(7) 吸气时，比平时正常吸气干、热一些，表明自救器在正常

(a) 佩戴位置

(b) 开启扳手

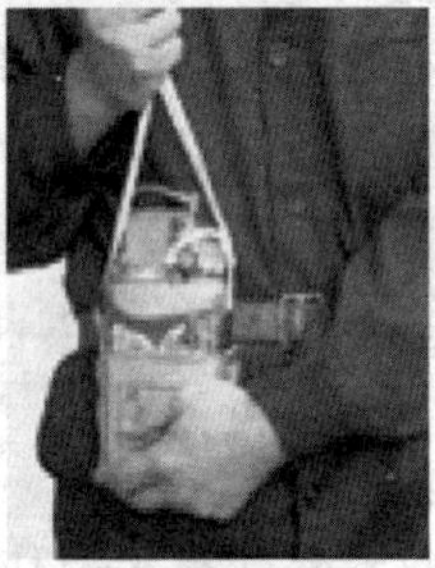

(c) 去掉上外壳

(d) 套上挎带

(e) 提起口具并立即戴好

(f) 调整挎带

图 5-3 化学氧自救器使用方法

工作，对人体无害，此时千万不可取下自救器。

(8) 当发现呼气时气囊瘪而不鼓，并渐渐缩小时，表明自救器的使用时间已接近终点，要做好应急准备。

二、压缩氧自救器

压缩氧自救器是指利用压缩氧气供氧的隔离式呼吸保护器。它用于灾区环境大气中缺氧或存在有毒有害气体的情况，是一种可反复多次使用的自救器，每次使用后只需要更换吸收二氧化碳的吸收剂和重新充装氧气即可重复使用。

视频

(一) 使用方法

(1) 携带时，挎在肩膀上。

(2) 使用时，先打开外壳封口带手把。

(3) 打开上盖，然后左手抓住氧气瓶，右手用力向上提上盖，此时氧气瓶开关即可自动打开，随后将主机从下壳中拽出。

(4) 摘下安全帽，挎上挎带，戴好安全帽。

(5) 拔开口具塞，将口具放入口腔里，牙齿咬住牙垫。

(6) 将鼻夹夹在鼻子上，开始呼吸。

(7) 在呼吸的同时，按动补给按钮 1～2 s，气囊充满后立即停止(在使用过程中发现气囊供气不足时，按上述方法操作)。

(8) 挂上腰钩。

(二) 使用注意事项

(1) 压缩氧自救器储装有高压氧气，在携带过程中要防止碰撞自救器，严禁将自救器当坐垫使用。

(2) 携带过程中严禁开启扳把。

(3) 佩戴压缩氧自救器行走时要匀速行走，应保持呼吸均匀，禁止狂奔和取下鼻夹、口具或通过口具讲话。

(4) 自救器不能使用或失效时，应用湿毛巾捂住口鼻，匍匐前行至安全地点。

第四节　现场急救

现场急救的关键在于及时。人员受伤后 2 min 内进行急救的成功率可达 70%，4～5 min 内进行急救的成功率可达 43%，15 min以后进行急救的成功率则较低。现场急救技术包括人工呼吸、心肺复苏、止血、创伤包扎、骨折临时固定和伤员搬运等技术。

一、人工呼吸

人工呼吸适用于触电休克、溺水、有害气体中毒、窒息或外伤窒息等引起的呼吸停止、假死状态者。如果伤员呼吸停止不久，大都能通过人工呼吸抢救过来。常用的人工呼吸方法有口对口吹气法、仰卧压胸法和俯卧压背法 3 种。

在施行人工呼吸前，要先将伤员运送到安全、通风良好的地点，将伤员领口解开，放松腰带，保持体温，腰背部下垫放柔软的衣服等。各种有效的人工呼吸必须在呼吸道畅通的前提下进行，因此，应先清除伤员口中异物，把舌头拉出或压住，防止舌头堵住喉咙妨碍呼吸。

视频

（一）口对口吹气法

口对口吹气法是效果最好、操作最简单的一种方法。

（1）操作前使伤员仰卧，即腹胸朝上。

（2）救护者在伤员头部的一侧，一只手托起伤员下颌，并尽量使其头部后仰；另一只手将其鼻孔捏住，以免吹气时从鼻孔漏气。

（3）救援人员自己深吸一口气，对紧伤员的口将气吹入，使伤员吸气。

（4）松开捏住鼻子的手，并用手压其胸部以帮助伤员呼气。

（5）如此有节律地、均匀地反复进行，每分钟吹气 14～16 次。

（6）注意吹气时切勿过猛、过短，也不宜过长，以占一次呼吸周期的 1/3 为宜。其具体操作方法如图 5-4 所示。

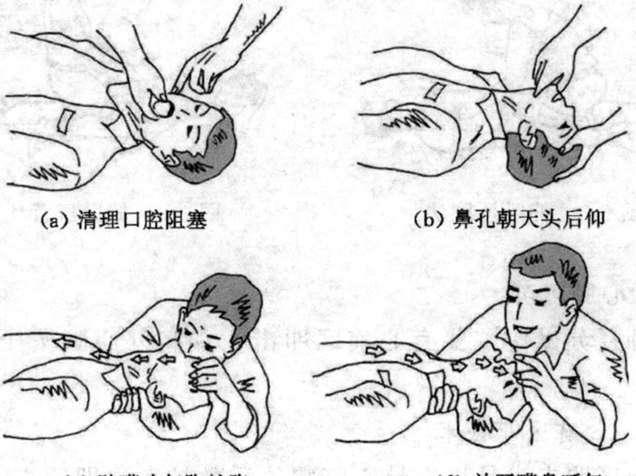

(a) 清理口腔阻塞　(b) 鼻孔朝天头后仰　(c) 贴嘴吹气胸扩张　(d) 放开嘴鼻呼气

图 5-4　口对口吹气法

（二）仰卧压胸法

仰卧压胸法是指让伤员仰卧，救护者跨跪在伤员大腿两侧，两手拇指向内，其余四指向外伸开，平放在伤员胸部两乳头之下，借助上半身重力压伤员胸部，挤出伤员肺内空气；然后，救护者身体后仰，除去压力，伤员胸部依其弹性自然扩张，使空气吸入肺内。如此有节奏地进行，每分钟 16～20 次。其具体操作方法如图 5-5 所示。

此法不适用于胸部外伤或二氧化硫、二氧化氮中毒者，也不能与胸外心脏按压法同时进行。

（三）俯卧压背法

俯卧压背法与仰卧压胸法在操作上大致相同，只是使伤员俯卧，救护者跨跪在伤员两大腿外侧。因为用这种方法做人工呼吸有利于伤员排出肺内水分，因而用于对溺水人员的急救较为适合。其具体操作方法如图 5-6 所示。

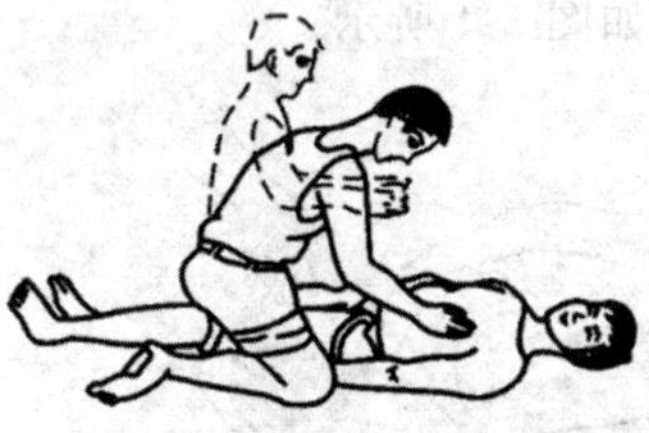

图 5-5　仰卧压胸法

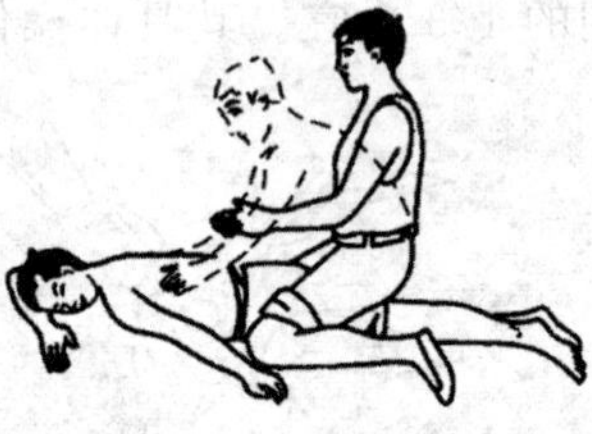

图 5-6　俯卧压背法

二、心肺复苏

心肺复苏操作主要有心前区叩击术和胸外心脏按压术两种方法。

(一) 心前区叩击术

心前区叩击术是指伤员心脏骤停后救护者立即叩击心前区，叩击力应中等，一般可连续叩击3～5次，并观察伤员脉搏、心跳。若心脏恢复则表示复苏成功；反之，应立即改用胸外心脏按压术。操作时，应使伤员头低脚高，施术者以左手掌置其心前区，右手握拳，从距患者胸部上方40～50 cm处，向左手背上叩击。

(二) 胸外心脏按压术

胸外心脏按压术适用于各种原因造成的心跳骤停者。在进行胸外心脏按压前，应先用心前区叩击术，如果叩击无效，应及时正确地进行胸外心脏按压。

(1) 判断有无意识：轻拍患者双肩、在双耳边呼唤。如果病人清醒，要继续观察，如果没有反应则为昏迷，进行下一个流程。

(2) 高声呼救，并立即进行心肺复苏术。

(3) 检查及畅通呼吸道：取出口内异物，清除分泌物。用一只手推前额使头部尽量后仰，同时另一只手将下颌向上方抬起。

(4) 人工呼吸：判断是否有呼吸：一看二听三感觉(维持呼吸道打开的姿势，将耳部放在病人口鼻处)，一看：患者胸部有无起伏;二听:有无呼吸声音;三感觉:用脸颊接近患者口鼻,感觉有无呼出气流。如果无呼吸,应立即给予人工呼吸3次,保持压额抬颌手法,用压住额头的手以拇指食指捏住患者鼻孔,张口罩紧患者口唇吹气,同时用眼角注视患者的胸廓,胸廓膨起为有效。待胸廓下降,吹第二口气。

(5) 胸外心脏按压术(图5-7)。其操作方法是:

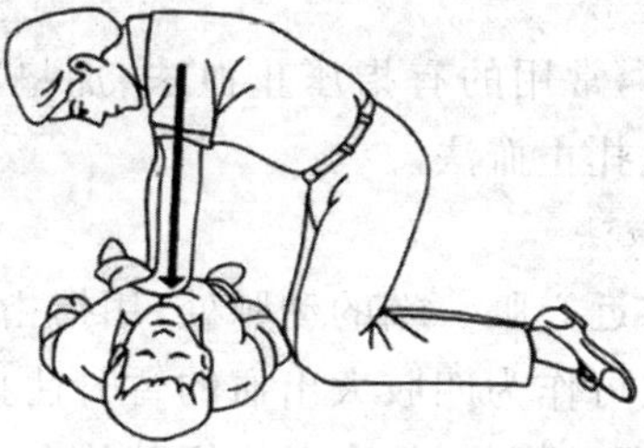

图5-7 胸外心脏按压术

首先将伤员仰卧于木板上或地上,解开其上衣和腰带,脱掉胶鞋。

救护者位丁伤员左侧,手掌面与前臂垂直,将另一手掌压于其上,使双手重叠,置于伤员胸骨中下1/3处(其下方为心脏),以双肘和臂肩之力,有节奏、冲击式地向脊柱方向用力按压,使成人胸骨下陷至少5 cm。

视频

按压后,迅速抬手使胸骨复位,以利于心脏舒张。按压次数以每分钟80～100次为宜。按压过快,心脏舒张不够充分,心室内血液不能完全充盈;按压过慢,动脉压力低,效果也不好。

使用胸外心脏按压术时的注意事项:

(1) 按压力量应因人而异。对身强力壮的伤员,按压力量可大些;对年老体弱的伤员,力量宜小些。按压时要稳健有力、均匀规则,重力应放在手掌根部,着力仅在胸骨处,切勿在心尖部按压,同时注意用力不能过猛;否则可致肋骨骨折、心包积血或引起气胸等。

(2) 胸外心脏按压与口对口吹气法最好同时施行,无论单人心肺复苏还是双人心肺复苏,均为每按压心脏30次,做口对口人工呼吸2次。

(3) 按压显效时,可摸到伤员颈总动脉、股动脉开始搏动,散大的瞳孔开始缩小,口唇、皮肤转为红润。

三、止血

止血方法很多,常用的有指压止血法、加垫屈肢止血法、止血带止血法和加压包扎止血法。

(一) 指压止血法

在伤口附近靠近心脏一端的动脉处,用拇指压住出血的血管,以阻断血流。此法可作为四肢大出血的暂时性止血措施。在指压止血的同时,应立即寻找材料,准备换用其他止血方法。各部位的止血点及其止血区域如图5-8所示。

(二) 加垫屈肢止血法

当前臂和小腿动脉出血不能制止时,如果没有骨折和关节脱位,这时可采用加垫屈肢止血法止血。在肘窝处或膝窝处放入叠好的毛巾或布卷,然后屈肘关节或屈膝关节,再用绷带或宽布条等将前臂与上臂或小腿与大腿固定。其具体操作方法如图5-9所示。

(三) 止血带止血法

当上肢或下肢大出血时,可在井下就地取材,使用胶管或止血带等材料采用止血带止血法压迫出血伤口的近心端进行止血。

(1) 止血带的使用方法:① 在伤口近心端上方加垫;② 急救者左手拿止血带,上端留13~17 cm,紧贴加垫处;③ 右手拿止血带长端,拉紧环绕伤肢伤口近心端上方2周,然后将止血带交左手中、食指夹紧;④ 左手中、食指夹止血带,顺着肢体下拉成环;⑤ 将上端一头插入环中拉紧固定;⑥ 在上肢应扎在上臂的上1/3

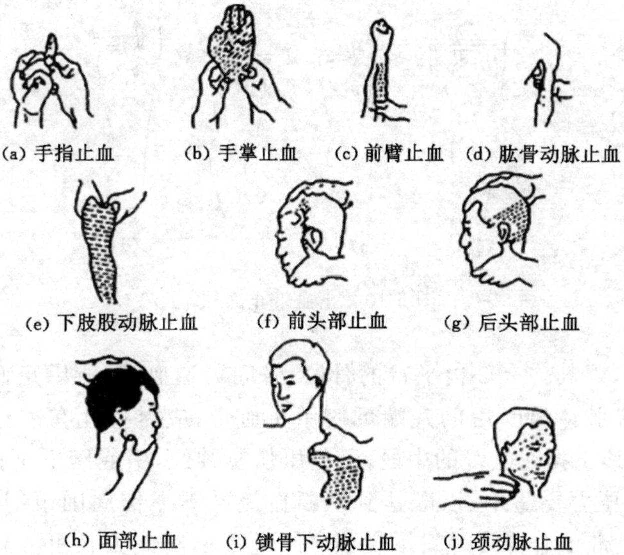

图 5-8　指压止血法

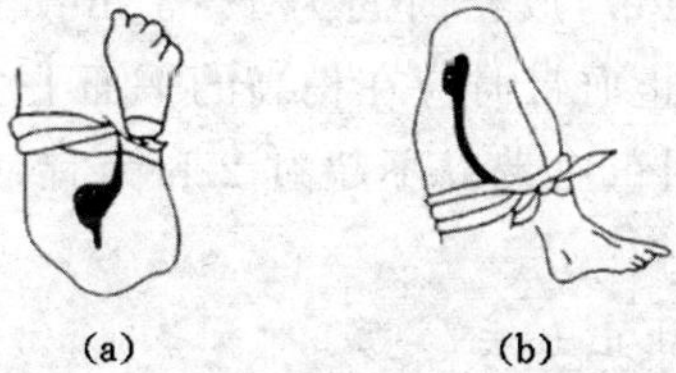

图 5-9　加垫屈肢止血法

处,在下肢应扎在大腿的中下 1/3 处。其具体操作方法如图 5-10 所示。

(2) 止血带使用注意事项:① 扎止血带前,应先将伤肢抬高,防止肢体远端因瘀血而增加失血量;② 扎止血带时要有衬垫,不能直接扎在皮肤上,以免损伤皮下神经;③ 前臂和小腿不适于扎

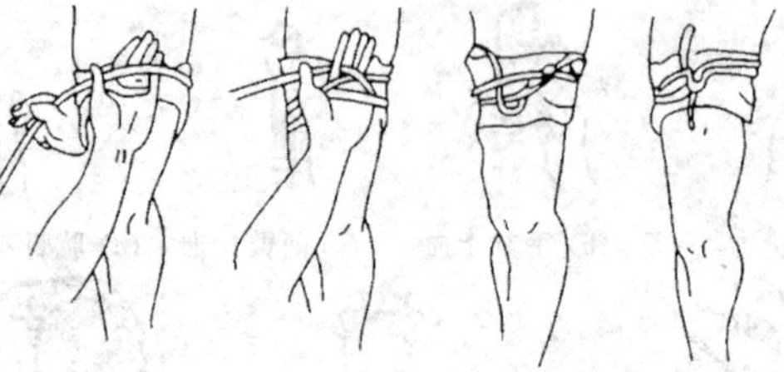

图 5-10　止血带止血法

止血带,因其均有 2 根平行的骨骼,骨间可通血流,所以止血效果差,但在肢体离断后的残端可使用止血带,应尽量扎在靠近残端处;④ 禁止扎在上臂的中段,以免压伤桡神经,引起腕下垂;⑤ 止血带的压力要适中,以既达到阻断血流又不损伤周围组织为度;⑥ 止血带止血持续时间一般不应超过 1 h,时间太长可导致肢体坏死;太短会使出血、休克进一步恶化。因此,使用止血带的伤员必须配有明显标志,并准确记录开始扎止血带的时间,每0.5～1 h缓慢放松 1 次止血带,放松时间为 1～3 min,此时可抬高伤肢压迫局部止血;再扎止血带时应在稍高的平面上绑扎,不可在同一部位反复绑扎。使用止血带以不超过 2 h 为宜,应尽快将伤员送到医院救治。

（四）加压包扎止血法

加压包扎止血法主要适用于静脉出血的止血。其做法是:首先将干净的纱布、毛巾或布料等盖在伤口处,然后用绷带或布条适当加压包扎,即可止血。压力的松紧度以能达到止血而不影响伤肢血液循环为宜。其具体操作方法如图 5-11 所示。

（五）绞紧止血法

在找不到止血带的情况下,可用毛巾、三角巾、绷带、衣片等折叠成带状,在伤口上先加垫,然后用带子绕衬垫一周打结,用小木棒插入其中,先提起,适当绞紧至不出血,而后固定,如图 5-12 所示。

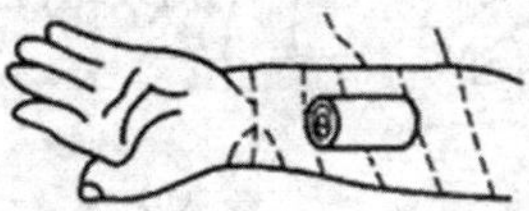

图 5-11　加压包扎止血法

图 5-12　绞紧止血法

四、创伤包扎

包扎的目的是保护伤口和创面,减少感染,减轻痛苦。加压包扎有止血作用。用夹板固定骨折的肢体时,需要包扎,以减少继发性损伤,也便于将伤员运送到医院。

(一) 布条包扎法

(1) 环形包扎法。该方法适用于头部、颈部、腕部及胸部、腹部等处的包扎。将布条做环行重叠缠绕肢体数圈后即成。

(2) 螺旋包扎法。该方法用于前臂、下肢和手指等部位的包扎。先用环形法固定起始端,把布条渐渐地斜旋上缠或下缠,每圈压前圈的 1/2 或 1/3,呈螺旋形,尾部在原位上缠 2 圈后予以固定。其具体操作方法如图 5-13 所示。

(3) 螺旋反折包扎法。该方法多用于粗细不等的四肢包扎。开始先做螺旋形包扎,待到渐粗的地方,以一只手拇指按住布条上面,另一只手将布条自该点反折向下并遮盖前圈的 1/2 或 1/3。各圈反折须排列整齐,反折头不宜在伤口和骨头突出部分。其具体操作方法如图 5-14 所示。

(4)“8”字包扎法。该方法多用于关节处的包扎。先在关节中部环形包扎 2 圈,然后以关节为中心,从中心向两边缠,一圈向上,一圈向下,2 圈在关节屈侧交叉,并压住前圈的 1/2。其具体操作如图 5-15 所示。

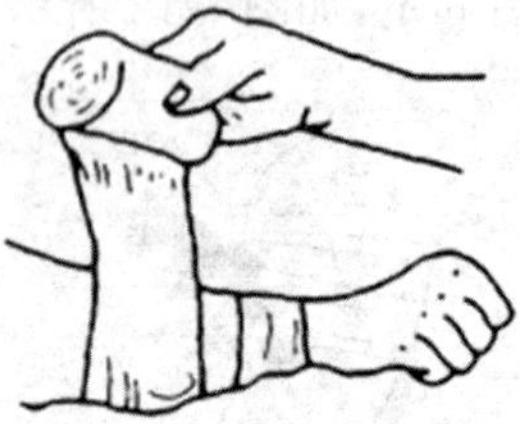

图 5-13　螺旋包扎法

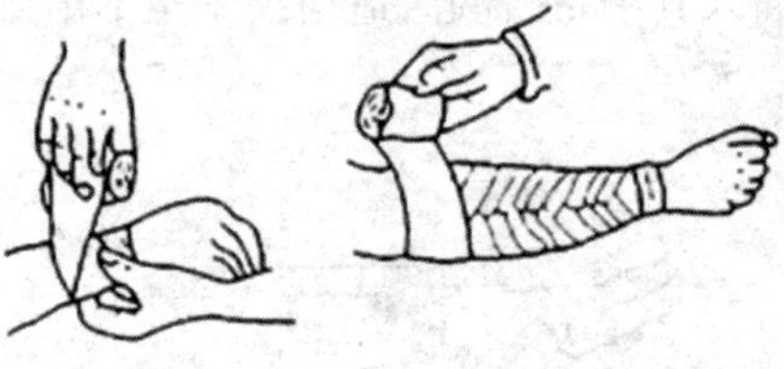

(a)　(b)

图 5-14　螺旋反折包扎法

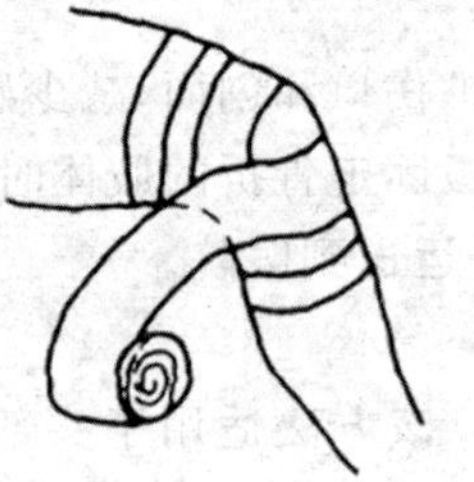

图 5-15　“8”字包扎法

（二）毛巾包扎法

（1）头顶部包扎法。将毛巾横盖于头顶部，包住前额，两前角拉向头后打结，两后角拉向下颌打结，其具体操作如图 5-16a 所示；或者将毛巾横盖于头顶部，包住前额，两前角拉向头后打结，然后两后角向前折叠，左右交叉绕到前额打结，如果毛巾太短可接带子，其具体操作方法如图 5-16b 所示。

（2）面部包扎法。将毛巾横置，盖住面部，向后拉紧毛巾的两端，在耳后将两端的上下角交叉后分别打结，在眼、鼻、嘴处剪洞。其具体操作方法如图 5-17 所示。

（3）下颌包扎法。将毛巾纵向折叠成四指宽的条状，在一端扎一小带，毛巾中间部分包住下颌，两端上提，小带经头顶部在另

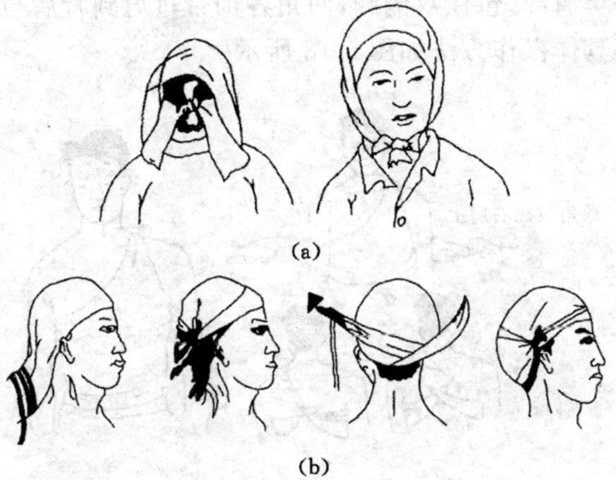

图 5-16　头顶部包扎法

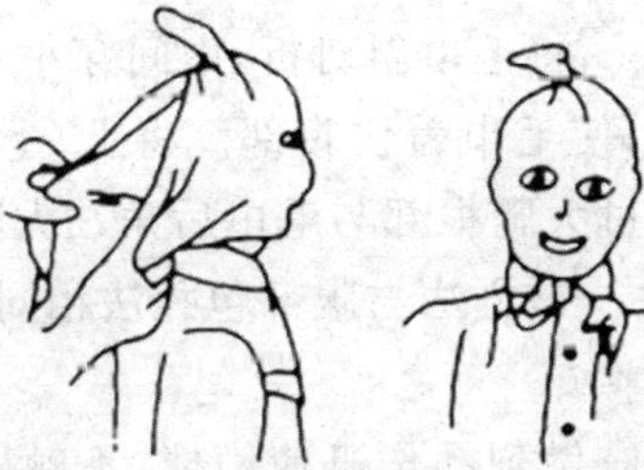

图 5-17　面部包扎法

一侧耳前与毛巾交叉，然后小带绕前额及枕部与毛巾另一端打结。

（4）肩部包扎法。单肩包扎时将毛巾斜折放在伤侧肩部，腰边穿带子在上臂固定，叠角向上折，一角盖住肩的前部，从胸前拉向对侧腋下，另一角向上包住肩部，从后背拉向对侧腋下打结。

（5）胸部包扎法。全胸包扎时将毛巾对折，腰边中间穿带子，由胸部围绕到背后打结固定。胸前的两片毛巾折成三角形，分别将角上提至肩部,包住双侧胸,两角各加带过肩到背后与横带相遇打结。其具体操作方法如图 5-18 所示。

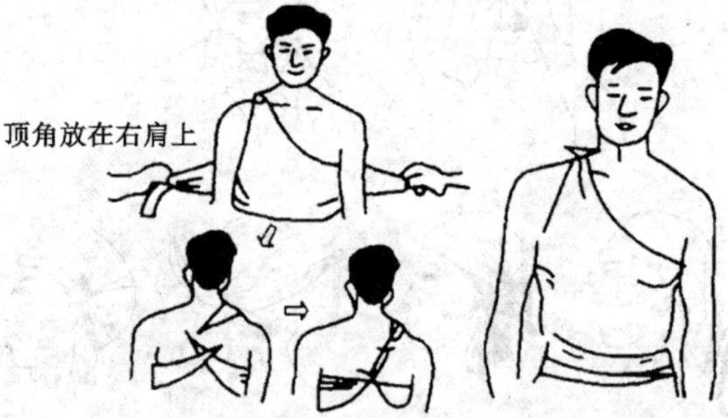

图 5-18　胸部包扎法

(6) 背部包扎法。该方法与胸部包扎法相同。

(7) 腹部包扎法。将毛巾斜对折,中间穿小带,小带的两头拉向后方,在腰部打结,使毛巾盖住腹部。将上、下两片毛巾的前角各扎一小带,分别绕过大腿根部与毛巾后角在大腿外侧打结。

(8) 臂部包扎法。该方法与腹部包扎法相同。

(三) 包扎注意事项

(1) 在包扎时,应做到动作迅速敏捷,不触碰伤口,以免引起出血、疼痛和感染。

(2) 不能用井下的污水冲洗伤口。伤口表面的异物(如煤块、矸石等)应去除,但伤口深部异物须由医院处理,防止重复感染。

(3) 包扎动作要轻柔,松紧度要适宜,不可过松或过紧,结头不要打在伤口上,应使伤员体位舒适,绷扎部位应维持在功能位置。

(4) 脱出的内脏不可拿回腔内,以免造成体腔内感染。

(5) 包扎范围应超出伤口边缘 5～10 cm。

五、骨折临时固定

骨折临时固定可减轻伤员的疼痛，防止因骨折端移位而刺伤邻近组织、血管和神经，骨折临时固定也是防止创伤休克的有效急救措施。

（一）操作要点

（1）在进行骨折固定时，应使用夹板、绷带、三角巾、棉垫等物品。手边没有上述物品时，可就地取材，如使用树枝、木板、木棍、硬纸板、塑料板、衣物、毛巾等代替。必要时也可将受伤肢体固定于伤员健侧肢体上，如下肢骨折可与健侧绑在一起，伤指可与邻指固定在一起。如果骨折断端错位，救护时暂不要复位，即使断端已穿破皮肤露在外面，也不可进行复位，而应按受伤原状包扎固定。

（2）骨折固定应包括上、下两个关节，在肩、肘、腕、股、膝、踝等关节处应垫棉花或衣物，以免压破关节处皮肤。固定应以伤肢不能活动为度，不可过松或过紧。

（3）搬运伤员时要做到轻、快、稳。

（二）固定方法

（1）上臂骨折。在患侧腋窝内垫以棉垫或毛巾，在上臂外侧安放垫衬好的夹板或其他代用物后开始绑扎。绑扎后，使肘关节屈曲 90°，将患肢捆于胸前，再用毛巾或布条将其悬吊于胸前。其具体操作如图 5-19 所示。

（2）前臂及手部骨折。用衬好的两块夹板或代用物，分别置放在患侧前臂及手的掌侧及背侧，以布带绑好，再以毛巾或布条将前臂吊于胸前。其具体操作如图 5-20 所示。

（3）大腿骨折。用长木板放在患肢及躯干外侧，将髋关节、大腿中段、膝关节、小腿中段、踝关节同时固定。

（4）小腿骨折。用长、宽合适的木夹板两块，自大腿上段至踝关节分别在内外两侧捆绑固定。

图 5-19　上臂骨折固定包扎法

图 5-20　前臂及手部骨折固定包扎法

(5) 骨盆骨折。用衣物将骨盆部包扎住,并将伤员两下肢互相捆绑在一起,膝、踝间加以软垫,屈髋、屈膝。要多人将伤员仰卧平托在木板担架上。有骨盆骨折者,应注意检查伤者有无内脏损伤及内出血。

(6) 锁骨骨折。以绷带做"∞"形固定,固定时双臂应向后伸。

六、伤员运送

井下条件复杂,转运伤员时要尽量做到轻、稳、快。没有经过初步固定、止血、包扎和抢救的伤员,一般不应转运。运送时应做到不增加伤员的痛苦,避免造成新的损伤及并发症。伤员运送时应注意以下事项:

(1) 呼吸、心搏骤停及休克昏迷的伤员应先及时复苏后再搬运。若现场没有懂得复苏技术的人员,则可为争取抢救时间而迅速向外搬运,去迎接救护人员进行及时抢救。

(2) 对昏迷或有窒息症状的伤员,要将其肩部稍垫高,使头部后仰,面部偏向一侧或采用侧卧位,以防胃内呕吐物或舌头后坠堵塞气管而造成窒息,注意随时都要确保呼吸道通畅。

(3) 一般伤员可用担架、木板、风筒、刮板输送机槽、绳网等物品运送,但脊柱损伤和骨盆骨折的伤员应用硬板担架运送。

(4) 对一般伤员均应先行止血、固定、包扎等初步救护后,再进行转运。

（5）一般外伤的伤员，可平卧在担架上，抬高伤肢；胸部外伤的伤员可取半坐位；有开放性气胸者，须封闭包扎后才可转运。腹腔部内脏损伤的伤员，可平卧，用宽布带将腹腔部捆在担架上，以减轻痛苦及出血。骨盆骨折的伤员可仰卧在硬板担架上，屈髋、屈膝，膝下垫软枕或衣物，用布带将骨盆捆在担架上。

（6）搬运胸、腰椎损伤的伤员时，先把硬板担架放在伤员旁边，由专人照顾患处，另有2～3人在旁帮其保持脊柱伸直位，同时用力轻轻将伤员推移到担架上，推动时用力大小、快慢要保持一致，要保证伤员脊柱不弯曲。伤员在硬板担架上取仰卧位，受伤部位垫上薄垫或衣物，使脊柱呈过伸位，严禁坐位或肩背式搬运。

（7）对脊柱损伤的伤员，要严禁让其坐起、站立和行走，也不能用1人抬头、1人抱腿或人背的方法搬运，因为脊柱损伤后再弯曲活动时，有可能损伤脊髓而造成伤员截瘫甚至突然死亡，所以在搬运时要十分小心。在搬运颈椎损伤的伤员时，要专有1人抱持伤员的头部，轻轻地向水平方向牵引，并且固定在中立位，不使颈椎弯曲，严禁左右转动。搬运者多人双手分别托住颈肩部、胸腰部、臀部及两下肢，同时用力移上担架，取仰卧位。担架应用硬木板，肩下应垫软枕或衣物，使颈椎呈伸展样（颈下不可垫衣物），头部两侧用衣物固定，防止颈部扭转且忌抬头。若伤员的头和颈已处于曲歪位置，则须按其自然固有姿势固定，不可勉强纠正，以避免损伤脊髓而造成高位截瘫，甚至突然死亡。

（8）转运时应让伤员的头部在后面，随行的救护人员要时刻注意伤员的面色、呼吸、脉搏，必要时要及时抢救。随时注意观察伤口是否继续出血、固定是否牢靠，出现问题要及时处理。走上、下山时，应尽量保持担架平衡，防止伤员从担架上滚落下来。

（9）将伤员运送到井上后，应向接管医生详细介绍受伤情况及检查、抢救经过。

七、煤矿各种伤害的急救

（一）创伤性休克

创伤性休克是由于剧烈打击、重要脏器损伤、大出血使有效循环血量锐减，以及剧烈疼痛、恐惧等多种因素综合形成的。

1. 判断早期休克

判断早期休克可采用“三看二摸”的方法。

(1) 看神志。休克早期，伤员兴奋、烦躁、焦虑或激动，随着病情发展，脑组织缺氧加重，伤员表现淡漠、意识模糊，至晚期则昏迷。

(2) 看面颊、口唇和皮肤色泽。休克早期，外周小血管收缩，色泽苍白；后期则因缺氧、瘀血，色泽青紫。

(3) 看表浅静脉。休克后颈及四肢浅表静脉萎缩。

(4) 摸脉搏。休克代偿期，周围血管收缩，心率增快。收缩压下降前可以摸到脉搏增快，这是早期诊断的重要依据。

(5) 摸肢端温度。肢端温度降低，四肢冰凉。

2. 对创伤性休克人员的现场急救

创伤性休克的现场救治是为了消除创伤的不利因素影响，弥补由于创伤所造成的机体代谢的紊乱，调整机体的反应，动员机体的潜在功能以对抗休克。

(1) 患者平卧，保持安静，避免过多搬动，注意保温和防暑。

(2) 对创口予以止血和简单清洁包扎，以防再次污染；对骨折要做初步固定。

(3) 保持呼吸道通畅，昏迷患者头应侧向，并将其舌牵出口外。

(4) 抓紧时间送医院抢救。

（二）冒顶挤压伤害

发生冒顶挤压人员时，由于身体肌肉丰富的部位如大腿、臀部或腰背部受到重物的挤压，使受压部分组织坏死，随之引起肢体肿胀、休克和急性肾衰竭等症状，称为挤压综合征。

1. 挤压伤害的症状

(1) 肢体肿胀。受压部位会出现压痕、变硬、皮下出血、水泡、肿胀、红斑等，呈暗褐色，甚至皮肤脱落。

(2) 感觉异常。受压部位会出现感觉减退或麻木，伸展会引起疼痛，周围脉搏仍会存在。

2. 对挤压伤害人员的现场急救

(1) 搬除重物。要搬除压在身上的重物，并及时清除口、鼻处异物，保持呼吸道通畅。

(2) 立即制动。伤员取平卧位，对肿胀的肢体不移动或减少活动，将伤肢暴露在凉爽处或用凉水降低伤肢温度(冬季要注意防止冻伤)，对伤肢不抬高、不按摩、不热敷。在骨折处做临时固定，对出血者做止血处理。

(3) 及时止血。对开放性伤口和活动性出血者，应予止血，不加压包扎，更不上止血带(大血管断裂出血时除外)。

(4) 抓紧时间送往医院。

(三) 有害气体中毒或窒息

对有害气体中毒或窒息人员应采取以下急救措施：

(1) 立即将伤员从危险区抢运到新鲜空气中，并安置在顶板良好、无淋水的地点。

(2) 立即将伤员口、鼻内的黏液、血块、泥土、碎煤等除去，并解开其上衣和腰带，脱掉胶鞋。

(3) 用衣服覆盖在伤员身上用以保暖。

(4) 根据心跳、呼吸、瞳孔等生命体征和伤员的神志情况，初步判断伤情的轻重。正常人每分钟心跳 60～80 次、呼吸 16～18 次，两眼瞳孔是等大等圆的，遇到光线能迅速收缩变小，而且神志清醒。休克伤员的两眼瞳孔不一样大，对光线反应迟钝或不收缩。对呼吸困难或停止呼吸者，应及时进行人工呼吸。当出现心跳停止的现象（心音、脉搏消失，瞳孔完全散大、固定，意志消失）时，除进行人工呼吸外，还应同时进行胸外心脏按压急救。

（5）对二氧化硫和二氧化氮的中毒者只能进行口对口的人工呼吸，不能进行压胸或压背法人工呼吸，否则会加重伤情。当伤员出现眼红肿、流泪、畏光、喉痛、咳嗽、胸闷现象时，说明是二氧化硫中毒所致。当出现眼红肿、流泪、喉痛及手指、头发呈黄褐色现象时，说明是二氧化氮中毒所致。

（6）人工呼吸持续的时间以恢复自主性呼吸或到伤员真正死亡时为止。当救护队来到现场后，应转由救护队用苏生器苏生。

（四）触电

对触电人员应采取以下急救措施：

（1）立即切断电源或使触电者脱离电源。

（2）迅速观察伤员有无呼吸和心跳。如果发现已停止呼吸或心音微弱，应立即进行人工呼吸或胸外心脏按压。

（3）如果呼吸和心跳都已停止时，应同时进行人工呼吸和胸外心脏按压。

（4）对遭受电击者，如果有其他损伤（如跌伤、出血等），应做相应的急救处理。

（五）烧伤

煤矿作业人员烧伤的急救要点可概括为以下5个字：

（1）“灭”，即扑灭伤员身上的火，使伤员尽快脱离热源，缩短烧伤时间。

（2）“查”，即检查伤员呼吸、心跳情况，检查是否有其他外伤或有害气体中毒现象。对爆炸冲击烧伤伤员，应特别注意有无颅脑或内脏损伤和呼吸道烧伤。

（3）“防”，即要防止休克、窒息、创面污染。伤员因疼痛和恐惧发生休克或发生急性喉头梗阻而窒息时，可进行人工呼吸等方法进行急救。为了减少创面的污染和损伤，在现场检查和搬运伤员时，伤员的衣服可以不脱、不剪开。

（4）“包”，即用较干净的衣服把创面包裹起来，防止感染。在现场除化学烧伤可用大量流动的清水持续冲洗外，对创面一般不做处理，尽量不弄破水泡以保护表皮组织。

（5）“送”，即把严重伤员迅速送往医院。

（六）溺水

对溺水人员应迅速采取下列急救措施：

（1）转送，即把溺水者从水中救出以后，要立即送到比较温暖和空气流通的地方，并且松开腰带，脱掉湿衣服，盖上干衣服，以保持体温。

（2）检查，即以最快的速度检查溺水者的口、鼻，如果有异物堵塞，应迅速清除，擦洗干净，以保持其呼吸道通畅。

（3）控水，使溺水者取俯卧位，用木料、衣服等垫在腹下；或救护者左腿跪下，把溺水者的腹部放在救护者的右侧大腿上，使溺水者头朝下，并压溺水者背部，迫使溺水者体内的水由气管、口腔流出。

（4）人工呼吸，当上述方法控水效果不理想时，应立即做俯卧压背式人工呼吸，或口对口吹气，或胸外心脏按压。

第六章 煤矿职业健康

第一节 煤矿职业病概述

一、职业病

职业病，是指企业、事业单位和个体经济组织（以下统称用人单位）的劳动者在职业活动中，因接触粉尘、放射性物质和其他有毒有害物质等因素而引起的疾病。

动画

要构成职业病，必须具备4个条件。

（1）患病主体是企业、事业单位或个体经济组织的劳动者。

（2）必须是在从事职业活动的过程中产生的。

（3）必须是因接触粉尘、放射性物质和其他有毒有害物质等职业病危害因素引起的。

（4）必须是国家公布的《职业病分类和目录》所列的职业病。

4个条件缺一不可。

职业病的种类按2013年12月23日开始施行的《职业病分类和目录》进行划分（图6-1），共10类132种。

二、煤矿职业危害因素

劳动者在劳动过程中因接触职业危害因素而对劳动者健康和劳动能力的侵害，称为职业危害。

煤矿职业危害因素主要有粉尘、有毒有害气体、噪声、振动、潮

图 6-1　职业病目录

湿的环境、高温的环境、放射性物质等。

（一）粉尘

粉尘危害是煤矿最主要的职业危害，可产生于煤炭生产的全过程。煤矿工人肺内吸入大量粉尘，将导致肺组织不断纤维化，进而导致全身性疾病。尘肺病是最多发的职业病，也是对煤矿工人健康损害最严重的职业病。

（二）有毒有害气体

在矿井空气中，由于多种原因可能存在 CO、H_2S、SO_2、CH_4 及氮氧化物等有害气体。煤矿工人长期在这种环境中作业，就很容易造成急性或慢性中毒或窒息等。

（三）生产性噪声

煤矿机械设备（如通风机、掘进机、水泵、采煤机等）在生产过程中会产生噪声，长期在噪声环境中工作，会导致人的一些感官反应迟钝，容易引起情绪波动，还可能使人患上噪声性耳聋。噪声性耳聋是由于工人长期在噪声环境中工作引起的听力器官功能障碍（听力下降或听力消失）。噪声对人体的不良作用是多方面的，除对听觉器官有严重损害外，还可引起人的神经系统和其他系统及器官的改变，其症状主要表现为头晕、头痛、耳鸣、心悸、烦躁及工作能力降低等。

（四）生产性振动

振动病是指煤矿工人在作业过程中长期接触生产性有害振动而引起的职业性疾病。振动病除引起肢体的血管、神经、肌肉和关节病变外，还可以引起全身性反应。

（五）不良气候条件

煤矿井下不良气候条件是气温高、湿度大，不同地点风速大小不等、温差大等，这些都对矿工的身体有很大影响。例如长期在潮湿环境下工作的人易患风湿性关节炎等。

（六）放射性物质

煤矿井下的氡气及其子体浓度往往比地面高，对矿工的健康有一定影响。

此外，煤矿井下工作劳动强度大、作业姿势不良，滑囊炎也比较常见，还有矿工腰腿疼和各种外伤等。

三、煤矿主要职业病

煤矿职业病主要有煤肺、硅肺、水泥肺等尘肺病（图 6-2），噪声引起的听力下降或耳聋，振动引起的疾患和高温引起的中暑等。煤矿井下发病人数最多、危害最大的职业病是尘肺病。目前，世界各国对尘肺病都没有特效治疗方法，唯一的办法就是预防。

四、煤矿职业禁忌症

（一）职业禁忌症的概念

职业禁忌症是指不宜从事某种作业的疾病或解剖、生理状态。在该状态下接触某些职业性危害因素时可导致下列情况。

（1）使原有疾病病情加重。

（2）诱发潜在疾病。

（3）影响后代健康。

图 6-2　尘肺病人的咳嗽症状

(4) 对某种职业危害因素易敏感，较易发生该种职业病。

煤矿对检查出有职业禁忌症和职业相关健康损害的从业人员，必须调离接触伤害的岗位，妥善安置。

(二)《煤矿安全规程》对职业禁忌症的相关规定

(1)《煤矿安全规程》第六百六十六条规定：有下列病症之一的，不得从事接尘作业：① 活动性肺结核病及肺外结核病；② 严重的上呼吸道或者支气管疾病；③ 显著影响肺功能的肺脏或者胸膜病变；④ 心、血管器质性疾病；⑤ 经医疗鉴定，不适于从事粉尘作业的其他疾病。

(2)《煤矿安全规程》第六百六十七条规定：有下列病症之一的，不得从事井下作业：① 本规程第六百六十六条所列病症之一的；② 风湿病(反复活动)；③ 严重的皮肤病；④ 经医疗鉴定，不适于从事井下工作的其他疾病。

(3)《煤矿安全规程》第六百六十八条规定：癫痫病和精神分裂症患者严禁从事煤矿生产作业。

(4)《煤矿安全规程》第六百六十九条规定:患有高血压、心脏病、高度近视等病症以及其他不适应高空(2 m 以上)作业者,不得从事高空作业。

第二节　煤矿职业危害防治

一、尘肺病

煤矿尘肺病是患者长期吸入大量游离二氧化硅、煤尘或其他粉尘所致的,这些粉尘绝大部分被排除,但仍有一部分长期滞留在细支气管与肺泡内,不断被肺泡巨噬细胞吞噬。这些粉尘及吞尘的巨噬细胞是主要致病因素。尘肺病变形成后,肺内残留的粉尘还继续与肺泡巨噬细胞起作用,因此尘肺病人虽然脱离粉尘作业但病变仍会继续发展。

(一) 尘肺病的临床表现

尘肺病在初期没有任何症状,人体无任何感觉,一般在 15～20 年以后出现症状。

尘肺病人的临床表现主要是以呼吸系统症状为主的咳嗽、咳痰、胸痛、呼吸困难四大症状,此外尚有喘息、咯血以及某些全身症状。

(1) 呼吸困难。呼吸困难是尘肺病最常见和最早发生的症状,且和病情的严重程度相关。

(2) 咳嗽。早期尘肺病人咳嗽多不明显,但随着病情的发展,病人多合并慢性支气管炎,晚期病人常易合并肺部感染,均使咳嗽明显加重。

(3) 咳痰。煤矿尘肺病人的痰多为黑色,晚期病人可咳出大量黑色痰。

(4) 胸痛。胸痛是尘肺病人最常见的症状,病人或轻或重均有胸痛。

(5) 咯血。咯血较为少见,尘肺病大咯血罕见。

(6) 其他。除上述呼吸系统症状外，可有程度不同的全身症状，常见的有消化功能减弱、胃痛、腹胀、便秘等。

(二) 预防煤矿尘肺病的措施

早期尘肺病患者即使脱离粉尘作业，病情也会继续发展，如无并发症，患者可存活较长时间，但常丧失劳动能力，且非常痛苦。尘肺病本身无法根治，关键在于预防。预防尘肺病的措施主要有以下几个方面。

动画

1. 减尘措施

减尘措施主要是指减少采、掘作业时的粉尘产生量。减尘措施主要包括：改进采、掘机械结构及其运行参数减尘，湿式打眼湿式凿岩，水封爆破，添加水炮泥爆破，改进采、掘机械结构，封闭尘源，采用捕尘罩以及预湿煤体减尘措施(如采空区或巷道灌水、煤层注水)等。减尘措施是以预防为主的治本性措施，应考虑优先采用。

2. 降尘措施

降尘措施是指减少矿井空气中已经产生的粉尘的量，主要包括各产尘点的喷雾洒水，如采煤机上内、外喷雾，爆破喷雾，支架喷雾，应用降尘剂、泡沫除尘，装岩洒水及巷道净化水幕等。

3. 矿井通风排尘

矿井通风排尘是指借助风流稀释与排出矿井空气中的粉尘。

4. 个人防护措施

受生产条件限制，在粉尘无法控制或高浓度粉尘条件下作业，必须合理正确地使用个体防护用品，包括：防尘口罩、送风口罩、防尘眼镜、防尘安全帽、防尘服、防尘鞋等。

5. 卫生措施

(1) 凡有粉尘职业禁忌症者，均不宜参加接尘工作。

(2) 加强接尘作业工人的定期体检,包括 X 胸片,间隔时间根据接触二氧化硅含量和空气粉尘浓度而定。对结核菌素试验阴性者应接种疫苗;阳性者预防性抗结核化疗,以降低尘肺合并结核的发病率。

(3) 已经脱离粉尘作业的工人,也应根据接触粉尘的性质和浓度继续随访。

(4) 合理膳食,规律作息,适量锻炼,增强体质。

二、职业毒害的防治

煤矿职业毒害的防护措施有以下几种。

(1) 加强矿井通风。采用通风的方法将各种有害气体浓度稀释到《煤矿安全规程》规定的标准以下。

(2) 加强个人防护。用好防护服、防护面具、防尘口罩、自救器等(图 6-3)。

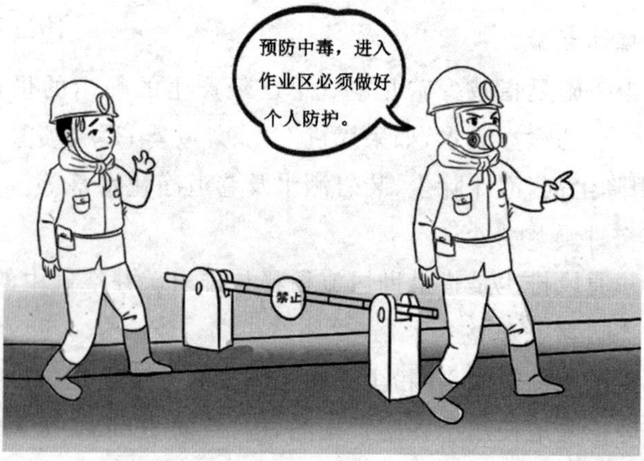

图 6-3　进入毒区个人防护

(3) 采空区防范。及时封闭采空区,需要进入时,必须首先进行有害气体检查,确认安全后方可进入。

(4) 闲置巷道防范。需要进入闲置时间较长的巷道进行作业的,必须先通风、后作业。

(5) 盲巷防范。盲道或废弃巷道应及时予以密闭或用栅栏隔断,并设立警示牌。

(6) 爆破过程防范。爆破时,人员必须撤到新鲜风流中,并在回风侧挂警戒牌;煤矿井下实施爆破后,及时排除炮烟。

三、煤矿噪声危害的防治

采取以下措施预防噪声危害:

(1) 在通风机房室内墙壁、屋面敷设吸声体。

(2) 在压风机房设备进气口安装消声器,室内表面做吸声处理。

(3) 对主井绞车房内表面进行吸声处理,局部设置隔声屏。

(4) 在巷道掘进中使用液动凿岩机或凿岩台车。

(5) 在采煤工作面使用双边链条刮板输送机。

(6) 加强作业场所噪声监测。煤矿作业场所噪声每年至少监测 1 次;煤矿作业场所噪声的监测地点主要包括:风动凿岩机、风镐、局部通风机、煤电钻、乳化液泵站、采煤机、掘进机、带式输送机、运输车等地点。

(7) 戴上防噪声耳塞等。

四、振动危害的防治

生产过程中按振动作用于人体的方式可分为局部振动和全身振动,其主要危害体现在神经系统、心血管系统、肌肉系统、骨组织和听觉器官等方面。振动危害的主要预防措施包括以下几个方面。

(1) 对局部振动的减振措施。改造工艺和设备,改革工作制度;合理使用减振用品,建立合理的劳动制度;限制作业人员接触振动的时间。

(2) 对全身振动的减振措施。在有可能产生较大振动的设备周围设置隔离地沟,衬以橡胶、软木等减振材料,以确保振动不能外传;对振动源采取减振措施,如用弹簧等减振阻尼器,减少振动的传递距离。

(3) 利用尼龙件代替金属件,可减少机器的振动。

(4) 及时检修设备,可以防止因零件松动引起的振动。

(5) 配备个人防护用品,如减振手套、减振鞋等。

五、高温危害的防治

(一) 煤矿高温的判断标准

煤矿生产矿井采掘工作面的空气温度不得超过 26 ℃,机电设备硐室的空气温度不得超过 30 ℃;当空气温度超过上述要求时,必须缩短超温地点工作人员的工作时间,并给予高温保健待遇。采掘工作面的空气温度超过 30 ℃、机电设备硐室的空气温度超过 34 ℃时,必须停止作业。

(二) 煤矿高温的监测

进行高温监测时,作业场所无生产性热源的,选择 3 个测点,取平均值;存在生产性热源的,选择 3～5 个测点,取平均值。

常年从事高温作业的,选择在夏季最热月测量;不定期接触高温作业的,选择在工期内最热月测量;作业环境热源稳定时,每天测 3 次,取平均值。

(三) 煤矿高温的防范措施

(1) 实行通风降温。采取各种措施保障风量和缩短入风线路长度,从而降低到达工作面风流的温度。

(2) 制冷机组进行局部降温。对局部热害严重的工作面应采用移动式制冷机组进行局部降温;非空调措施无法达到作业环境标准温度的,应采用空调降温。

(3) 喷雾洒水降温。在工作面喷雾洒水既可以降温又可以降尘。

(4) 保健防护。供给含盐饮料,以补充人体所需水分和盐分(图 6-4)。在高温环境下作业,人体能量消耗快,应增加蛋白质、热量、维生素等的摄入,以减轻疲劳,提高工作效率。

图 6-4　高温及时补水

(5) 个人防护。给在高温条件下作业的工作人员提供结实、耐热、宽大、便于操作的工作服及相应的防护用具。

(6) 医疗防护。对在高温条件下作业的人员进行就业体检,凡有心血管系统疾病、溃疡病、肺气肿、肝病、肾病等疾病,不宜从事高温作业的人员不安排其从事高温作业或调离高温作业岗位。

第三节　煤矿职业病管理制度和应急处置

一、职业病管理制度

煤矿应当制定职业病危害防治计划和实施方案,建立、健全下列职业卫生管理制度和操作规程:

（1）职业病危害防治责任制度。

（2）职业病危害警示与告知制度。

（3）职业病危害项目申报制度。

（4）职业病防护设施管理制度。

（5）职业病个体防护用品管理制度。

（6）职业病危害日常监测及检测、评价管理制度。

（7）建设项目职业卫生“三同时”制度。

（8）劳动者职业健康监护及其档案管理制度。

（9）职业病诊断、鉴定及报告制度。

（10）职业病危害防治经费保障及使用管理制度。

（11）职业病危害防治档案管理制度。

（12）职业病危害事故应急管理制度及法律、法规、规章规定的其他职业病危害防治制度。

煤矿工人应当了解上述制度，重点掌握职业病危害警示与告知制度、职业病防护设施管理制度、职业病个体防护用品管理制度和劳动者职业健康监护及其档案管理制度。

二、职业危害告知

煤矿与煤矿工人订立劳动合同（含聘用合同）时，应当将工作过程中可能产生的职业病危害及其后果、职业病防护措施和待遇等如实告知煤矿工人，并在劳动合同中写明，不得隐瞒或者欺骗。

煤矿工人在已订立劳动合同期间因工作岗位或者工作内容变更，从事与所订立劳动合同中未告知的存在职业病危害的作业时，煤矿应当向煤矿工人履行如实告知的义务，并协商变更原劳动合同相关条款。

煤矿违反前两条规定的，煤矿工人有权拒绝从事存在职业病危害的作业，煤矿不能因此解除与煤矿工人所订立的劳动合同。

煤矿应当在醒目位置设置公告栏，公布有关职业病防治的规章制度、操作规程、职业病危害事故应急救援措施和工作场所职业病危害因素检测结果。存在或者产生职业病危害的工作场所、作业岗位、设备、设施，应当按照《工作场所职业病危害警示标识》(GBZ 158)的规定，在醒目位置设置图形、警示线、警示语句等警示标识和中文警示说明。警示说明应当载明产生职业病危害的种类、后果、预防和应急处置措施等内容。存在或者产生高毒物品的作业岗位，应当按照《高毒物品作业岗位职业病危害告知规范》(GBZ/T 203)的规定，在醒目位置设置高毒物品告知卡，告知卡应当载明高毒物品的名称、理化特性、健康危害、防护措施及应急处理等告知内容与警示标识。

三、职业病危害防护设施与职业病个体防护用品

煤矿在有关职业健康的生产技术、工艺、材料和设备的管理上应优先考虑实现本质安全。在无法完全避免职业危害的情况下，应采用危害程度较低的生产技术、工艺设备、原材辅料，选用有效的职业病防护设施等，减少或降低职业病危害因素的危害，保护劳动者。在职业病危害防护设施设备不能完全保护劳动者的情况下，给劳动者发放防护用品进行防护。

职业病危害防护设施设备要纳人企业设备管理，建立台账、档案和检修计划，经常进行维修检查并有责任人进行维护，严格按照计划进行检修和大修，使之经常处于良好状态。

煤矿应当为劳动者提供符合国家职业卫生标准的职业病个体防护用品，并督促、指导煤矿工人按照使用规则正确佩戴、使用，不得发放钱物替代发放职业病个体防护用品。煤矿应当对职业病个体防护用品进行经常性的维护、保养，确保其有效，不得使用不符合国家职业卫生标准或者已经失效的职业病个体防护用品。煤矿工人应当认真学习职业病个体防护用品的使用方法，不使用个体防护用品的不得上岗作业。

四、职业病危害事故应急处置

发生或者可能发生急性职业病危害事故时，煤矿应当立即采

取控制和应急救援措施，并及时报告所在地卫生行政部门和有关部门。卫生行政部门接到报告后，应当及时会同有关部门组织调查处理；必要时，可以采取临时控制措施。卫生行政部门应当组织做好医疗救治工作。对遭受或者可能遭受急性职业病危害的煤矿劳动者，煤矿应当及时组织救治、进行健康检查和医学观察，所需费用由用人单位承担。

(1) 作业地点发现有职业病危害事故预兆或已经发生职业危害事故时，现场人员应停止作业，撤出所有受威胁地点的人员，按指定的避灾路线撤离，并向矿调度中心汇报(内容要简明扼要，说明事故性质、地点、范围、主要原因和伤亡情况等)。撤离期间要尽可能通知沿途受灾害影响区域人员一同撤离到安全地点。

(2) 矿调度中心接到井下职业病危害事故报告后，应立即启动应急预案，通过井下语音广播系统、无线通讯系统、调度通讯系统等，通知到井下所有可能受事故波及区域的人员撤离，接到通知的作业人员应立即撤离。

(3) 发生中毒事故时，会有人相继出现胸闷、头痛、恶心等症状，应立即将中毒者移至新鲜空气处。在搬运途中，如仍受有害气体威胁，施救者一定要戴好自救器，对被救人员也要戴好自救器。将中毒者口中一切妨碍呼吸的东西(如假牙、黏液和泥土等)除去，将衣领及腰带松开，并使其保暖。

(4) 如果是一氧化碳中毒，中毒者还没有停止呼吸或呼吸虽已停止但心脏还有跳动，要立即给中毒者解开衣服，搓摩他的皮肤，使他温暖以后，立即进行人工呼吸。如果心脏停止跳动，就要迅速进行心脏复苏，同时进行人工呼吸。

(5) 如果是硫化氢中毒，在进行人工呼吸以前，要用湿棉花或手帕盖住他的口鼻。

(6) 如果是二氧化碳窒息，情况也不太严重，只要把他抬到新鲜风流中稍作休息后，就会苏醒。假如窒息时间较长，就要进行人工呼吸。在进行人工呼吸前，先要搓擦他的皮肤。

(7) 如果作业现场呼吸性粉尘浓度超过接触浓度管理限制，立即停止作业并向矿调度室汇报，调度室通知有关领导进行分析并处理。

(8) 如果设备发生故障，出现异常噪音或噪音指标超过国家最高环保标准时，要立即停止设备运行，开启备用设备并通知矿调度室。

(9) 当不能撤离时，要暂时避到安全地点，要沉着、冷静，尽量减少动作。并要在躲避地点巷道口悬挂矿灯、工具或定时间隔敲打管子、铁轨等，发出呼救信号，等待救援。

第四节 职业健康监护基本要求

职业健康监护是以预防为目的，根据从业人员的职业接触史，通过定期或不定期的医学健康检查和健康相关资料的收集，连续性地监测从业人员的健康状况，分析从业人员健康变化与所接触的职业病危害因素的关系，并及时将健康检查和资料分析结果报告给用人单位和从业人员本人，以便及时采取干预措施，保护从业人员健康。职业健康监护主要包括职业健康检查(图 6-5)和职业健康监护档案管理等内容。

动画

一、职业健康检查的内容

(一) 上岗前职业健康检查

对新录用、变更工作岗位或工作内容的劳动者在上岗前进行健康检查，特别是对该岗位接触职业危害因素作业可能影响人体健康的相关项目进行检查。依据检查结果，评价劳动者上岗前的健康状况，鉴定是否有职业禁忌症。

图 6-5　职业健康检查

（二）在岗期间职业健康检查

依据劳动者所在工作岗位职业危害因素对健康的影响，选定重点检查项目，定期进行职业健康检查，动态观察劳动者的健康变化，结合作业场所职业危害因素监测和生物学监测结果，评价劳动者的健康变化是否与职业危害因素有关，及时发现疑似病患者，判断劳动者是否适合继续从事该工种作业或需进一步观察治疗。

（三）离岗时职业健康检查

因某种原因，准备调离从事职业危害工种岗位的劳动者，根据其所在工种岗位环境存在的职业危害因素及其对劳动者健康的影响规律，选定重点检查项目进行检查，依据检查结果评价劳动者的健康状况是否与职业危害因素有关，是否患职业病，以明确法律责任。

（四）离岗后医学随访

（1）如接触的职业病危害因素具有慢性健康影响，或发病有较长的潜伏期，在脱离接触后仍有可能发生职业病，需进行医学随访。

（2）尘肺病患者在离岗后需进行医学随访检查。

（3）随访时间的长短应根据有害因素致病的流行病学及临床特点、从业人员从事该作业的时间长短、工作场所有害因素的浓度等因素综合考虑确定。

（五）应急职业健康检查

当发生职业危害事故时，对伤残或可能患职业病的劳动者，及时组织并进行健康检查和医学观察。依据检查结果发现危害因素，评价劳动者的健康危害程度并提出预防措施，控制职业危害的继续蔓延和发展。

二、职业健康检查的方法

（1）煤矿企业对新人矿工人必须进行职业健康检查，并建立健康档案。

（2）煤矿企业对接尘工人的职业健康检查必须拍胸大片。

（3）煤矿企业应按照国家法律、法规和卫生行政主管部门的规定定期对接触粉尘、毒物及有害物理因素等的作业人员进行职业健康检查。

（4）煤矿企业职业健康检查的查体时间间隔必须符合下列要求：

对在岗接触粉尘作业的工人，岩石掘进工种的工人每 2～3 年拍片检查 1 次；混合工种的工人每 3～4 年拍片检查 1 次；纯采煤工种的工人每4～5年拍片检查1次。

对离岗工人必须进行离岗的职业健康检查。

对接触毒物、放射线的人员每年检查1次。

(5) 职业健康检查、职业病诊断、职业病治疗应由取得相应资格的职业卫生机构承担。

(6) 对Ⅰ期尘肺患者每年拍片复查1次。对疑似尘肺患者(0＋)、岩石掘进工种的工人每年拍片复查1次，混合工种的工人每2年拍片复查1次，纯采煤工种的工人每3年拍片复查1次。

三、职业健康监护档案管理

职业健康监护档案，是指用人单位为职工建立的一份个人职业健康监护登记资料。它是从业人员健康变化与职业病危害因素关系的客观记录，也是职业病诊断鉴定的重要依据之一。

(一) 职业健康监护档案的内容

用人单位应当建立从业人员个人职业健康监护档案和用人单位职业健康监护管理档案，并按照有关规定妥善保存。

(1) 个人职业健康监护档案包括下列内容：① 从业人员的姓名、性别、年龄、籍贯、婚姻、文化程度、嗜好等情况；② 从业人员的职业史、既往病史和职业病危害接触史；③ 历次职业健康检查结果及处理情况；④ 职业病诊疗资料；⑤ 需要存入职业健康监护档案的其他有关资料。

(2) 用人单位职业健康监护管理档案包括：① 职业健康监护委托书；② 职业健康检查结果报告和评价报告；③ 职业病报告卡；④ 用人单位对职业病患者、患有职业禁忌症者和已出现职业相关健康损害从业人员的处理和安置记录；⑤ 用人单位在职业健康监护中提供的其他资料和职业健康检查机构记录整理的相关资料；⑥ 卫生行政部门要求的其他资料。

（二）健康监护档案的管理

（1）从业人员职业健康监护档案和用人单位职业健康监护管理档案，应有专人严格管理，并按规定妥善保存。

（2）从业人员或者其近亲属、从业人员委托代理人、相关的卫生监督检查人员有权查阅、复印从业人员的职业健康监护档案，用人单位不得拒绝或者提供虚假档案材料。

（3）从业人员离开用人单位时，有权索取本人职业健康监护档案复印件，用人单位应当如实、无偿提供，并在所提供的复印件上签章(图 6-6)。

图 6-6　索取职业健康档案

第五节　煤矿从业人员职业病预防的权利和义务

煤矿从业人员不但依法享有职业病预防的权利，而且负有履行职业病预防的义务。

一、煤矿从业人员职业病预防的权利

煤矿从业人员享有下列职业病预防的权利：

(1) 获得职业卫生教育、培训。劳动者上岗前应接受职业健康培训，上岗前培训不得少于8学时，之后每年接受一次在岗培训，在岗培训不得少于4学时。因变更工艺、技术、设备、材料，或者岗位调整导致劳动者接触的职业病危害因素发生变化的，用人单位应当重新对劳动者进行上岗前职业健康培训。

(2) 获得职业健康检查、职业病诊疗、康复等服务。

(3) 了解工作场所产生或者可能产生的职业病危害因素、危害后果和应当采取的职业病防护措施。

(4) 要求用人单位提供符合防治职业病要求的职业病防护设施和个人使用的职业病防护用品，改善工作条件。

(5) 对违反职业病防治法律、法规以及危及生命健康的行为提出批评、检举和控告。

(6) 拒绝违章指挥和强令进行没有职业病防护措施的作业。

(7) 参与用人单位职业卫生工作的民主管理，对职业病防治工作提出意见和建议。

(8) 索取本人职业健康监护档案复印件。煤矿从业人员离开煤矿企业时，有权索取本人职业健康监护档案复印件，煤矿企业应如实、无偿提供，并在所提供的复印件上签章。

二、煤矿从业人员职业病预防的义务

(1) 劳动者应当学习和掌握相关的职业卫生知识，增强职业病防范意识。

(2) 遵守职业病防治法律、法规、规章和操作规程。

(3) 正确使用、维护职业病防护设备和个人使用的职业病防护用品。

(4) 发现职业病危害事故隐患应当及时报告。劳动者不履行前款规定义务的，用人单位应当对其进行教育。

第七章　煤矿新工人实操训练

第一节　熟悉本矿井下作业环境

目的:熟悉井下作业环境。

类型:现场参观。

地点:本矿矿井。

一、入井须知

(1) 下井前,应反复学习第二章第八节入井基本要求的内容。明确入井前的准备事项,熟知井下乘车和井下行走安全注意事项。

(2) 入井必须遵守本矿的规章制度要求和劳动纪律要求,听从领队人员的指挥,紧跟入井队伍,不能单独行动。

二、熟悉安全出口

(1) 每个矿井必须有 2 个能行人的通到地面的安全出口,出口的间距不小于 30 m。

(2) 井下各开采水平、各采区、各采煤工作面都必须至少有 2 个便于行人的安全出口,并与通达地面的安全出口相连。

(3) 采煤工作面必须保持至少 2 个畅通的安全出口,一个通到进风巷,另一个通到回风巷。

(4) 井巷交岔点,必须设置路标,标明所在地点,指明通往安全出口的方向。

三、熟悉路标

(1) 在巷道内必须设置路标，特别是井巷交岔点，必须设置路标。

(2) 路标标明了巷道名称、长度，用箭头指明了通向安全出口的方向。

四、熟悉井下安全标志

(1) 井下安全标志有禁止标志、警告标志、指令标志、路标、铭牌、提示标志等。此外，井下还有职业危害标志。下井前从业人员应当能够看图准确辨识这些安全标志。

(2) 每个井下工作人员都要熟悉和理解井下见到的安全标志的含义，按标志指示行动，看不明白的标志要及时向指导教师或工人师傅询问请教。

五、熟悉井下信号

井下有各种信号，包括工作信号和安全信号，如灯、铃、笛等声光信号，每个信号都有明确的规定。

(1) 运输提升系统中常见的红绿灯和电铃信号。

(2) 爆破工用口哨发出爆破信号。

(3) 瓦斯报警断电仪在瓦斯浓度超限时发出报警信号。

(4) 机车行驶时发出铃声信号。

(5) 设备启动停止时发出联络信号。

(6) 人力推车时推车工发出推车信号。

(7) 井下发生灾害时发出报警信号。

上述 7 种信号都是井下工作人员应当学会重点辨识的。

六、熟悉避灾路线

避灾路线是当井下发生事故灾害时人员撤退的路线，路线上都挂有路标，路标上标有出井的方向，只要沿路标所指方向撤退就能出井。

七、避难硐室

(1) 永久避难硐室。主要设在井底车场附近和采区安全出口的线路上。

(2) 临时避难硐室。利用独头巷道,用板皮、风筒布等挡住有害气体,防止人中毒。

八、熟悉井下机电设备

井下机电设备繁多,操作井下设备必须经过专门培训,并取得安全操作资格证。井下工作人员不得随意操作井下设备,并注意如下事项:

(1) 不许随意拆卸、破坏设备和带电挪动设备。

(2) 非工作人员不得擅入井下变电所、水泵房、绞车房等机电硐室。

(3) 在井下巷道内行走时,不得把电缆作为扶手。

九、熟悉采掘工作面

井下采掘工作面是煤炭生产的工作场所,由于空间小、人员多、设备集中,可能发生冒顶、片帮等。

(1) 熟悉采掘工作面的设备。

(2) 能够辨识清楚哪些地方容易发生危险,哪些地方比较安全。

十、熟悉矿井通风设施

矿井通风设施主要有风门、风墙(密闭)、风桥、风硐、调节风窗等。

第二节　矿井生产系统和采掘工艺

目的:熟悉本矿的生产系统和采掘工艺。

类型:下井参观+模拟座谈。

地点:本矿井下+教室。

一、熟悉本矿的生产系统

井下生产系统有掘进、采煤和运输提升等3个主要过程，还有通风、排水、材料和动力供应等辅助生产系统。井下生产系统的主要任务是保证井下采煤、掘进、运输、提升、排水和通风等工作正常进行，把采掘出来的煤炭和矸石输送到地面，再和地面生产系统相衔接。同时，将动力、材料和设备送至所需地点。

熟悉矿井的生产系统有助于对矿井的生产有系统全面的把握，也有助于发生灾害时逃生避险。

从业人员应当结合采掘工程平面图和井下现场参观情况，针对某个采煤工作面，复述出矿井的几个主要生产系统。

二、熟悉本矿采掘工艺

结合下井参观，从业人员应当能够说出矿井建设与发展状况、开拓方式、采煤方法、掘进方法。

第三节　井下常见危险因素辨识

目的：正确辨识本矿常见的危险因素。

类型：模拟座谈。

地点：教室或实训室。

方法：

（1）指导教师把本班培训学员分成若干组。

（2）结合本矿的各类危险因素进行辨识，分别对每个小组提出问题。

（3）每组学员集体作答，答对记分，答错不扣分。若一个小组被提问的问题不会回答，其他小组可以抢答，答对计分，答错扣分。

（4）最后统计各小组得分，进行评比，指导教师进行点评。

一、瓦斯爆炸事故隐患辨识

瓦斯爆炸往往都是在瞬间发生的，爆炸前的预兆一般都不是很明显，瓦斯爆炸事故隐患辨识主要辨识容易发生瓦斯积聚的地点，加强这些地点的瓦斯监测。

较容易发生瓦斯积聚的场所（地点）主要有：

(1) 井下采煤工作面的上（下）隅角。

(2) 高瓦斯煤层的煤巷掘进工作面。

(3) 井下工作面的采空区。

(4) 高瓦斯煤层工作面的冒落区。

(5) 发生瓦斯突出后的瓦斯积聚区。

(6) 井下独头掘进煤巷工作面。

(7) 通风不良的井下其他场所。

二、煤与瓦斯突出事故隐患辨识

煤与瓦斯突出的发生地点以掘进工作面居多，一般发生在断层带、破碎带、煤层厚度变化带、褶曲等地点。煤与瓦斯突出的主要预兆参见第四章第二节的内容。发现煤与瓦斯突出的预兆要特别警惕，及时报告，并立即撤出危险区。

三、矿井顶板事故隐患辨识

巷道顶板事故的预兆和采煤工作面顶板事故的预兆参见第四章第六节的内容。出现任何一种冒顶预兆，都要引起特别注意，应立即撤出灾区。

四、矿井火灾事故隐患辨识

煤自燃火灾主要发生在断层附近，采煤工作面的进风巷、回风巷，开切眼，终采线附近，煤柱附近，破碎的煤壁，煤巷冒高处，假顶工作面，密闭墙内，溜煤眼，联络巷，浮煤堆积处等地点。

矿井火灾分为内因火灾和外因火灾。内因火灾的预兆参见第四章第四节的内容，只要出现一种，就应立即撤出灾区，不能有任何延迟。对于外因火灾，关键是明确其发生的原因，有针对性地采取预防措施。

五、矿井水灾事故隐患辨识

矿井水灾的预兆往往是比较明显的，具体内容见第四章第五节，出现任何突出预兆，应当立即停产撤人，并向矿调度室汇报。

六、矿尘爆炸事故隐患辨识

矿尘爆炸没有明显的预兆，预防煤尘爆炸主要靠在日常工作中采取措施，主要包括 3 个方面：

(1) 减尘、降尘。主要方法有煤层注水、使用水炮泥、喷雾降尘、清除落尘等，控制矿井空气中的粉尘浓度。

(2) 防止引燃煤尘。主要方法有防止瓦斯爆炸，杜绝明火、电气火花等。

(3) 隔绝煤尘爆炸。撒布岩粉、设置隔爆水槽等隔绝煤尘爆炸传播的设施要完好可用。

第四节　灭火器的使用训练

目的：熟练掌握灭火器的使用方法。

类型：现场演练。

地点：室外宽敞的空地。

要求：井下从业人员必须熟悉本职工作区域内灭火器材的存放地点，熟悉灭火器材的使用方法。

一、矿井应配置灭火器的地点

(1) 电焊、气焊和喷灯焊接等工作地点应至少备有 2 个灭火器。

(2) 井下爆炸材料库、机电设备硐室、检修硐室、材料库、井底车场、使用带式输送机或液力偶合器的巷道以及采掘工作面附近的巷道中，应备有灭火器材，其数量、规格和存放地点，应在灾害预防和处理计划中确定。

(3) 采用矿用防爆型柴油动力装置时，必须配置适宜的灭火器。

二、灭火器的种类

灭火器有干粉灭火器、CO_2 灭火器、泡沫灭火器和清水灭火器 4 类。煤矿井下常用的灭火器主要是干粉灭火器，其次是 CO_2 灭火器。干粉灭火器能够控制初期火势的继续蔓延，用于扑灭油漆、石油产品以及有机溶剂等火灾；CO_2 灭火器使用后不会留有痕迹，主要用于扑灭档案资料以及一些贵重电气设备等火灾。CO_2 灭火器价格更高一些，使用时需要戴手套以防冻伤，因此，煤矿井下主要使用干粉灭火器，有的矿井只是在井底车场和机电设备硐室配备一定量的 CO_2 灭火器。灭火器灭火可以跟沙子灭火同时使用，所以井下配备灭火器的地方往往也会配置一定数量的沙箱。

三、手提式干粉灭火器的使用方法

干粉灭火器：利用氮气作动力，将干粉从喷嘴内喷出，形成一股雾状粉流，射向燃烧物质来灭火。检查灭火器是否在正常的工作压力范围。灭火器压力表分为 3 个颜色区域，黄色表示压力充足，绿色表示压力正常，红色表示欠压；一般选用灭火器指针至少要在绿色区域，否则就需要充压。使用干粉灭火器的操作步骤（图 7-1）如下：

（1）提。手提灭火器的提把，让灭火器保持水平垂直的状态，人站在火源的上风侧。

（2）摇。将灭火器瓶体上下颠倒摇晃几次，使瓶体内的干粉松动。

（3）拔。拔掉灭火器保险销，在灭火器提把下面有一个环状金属物，使用前一定要拔掉金属环才能喷出干粉。

（4）压。一只手压住灭火器的开关，另一只手握住喷管的最前端，调试让灭火器喷出干粉灭火。

（5）瞄。一只手提起灭火器的提把，另一只手控制好喷管喷射的方向，瞄准火源根部喷射，要在距离火焰 3～5 m 处瞄准，才属于灭火器的有效射程内。

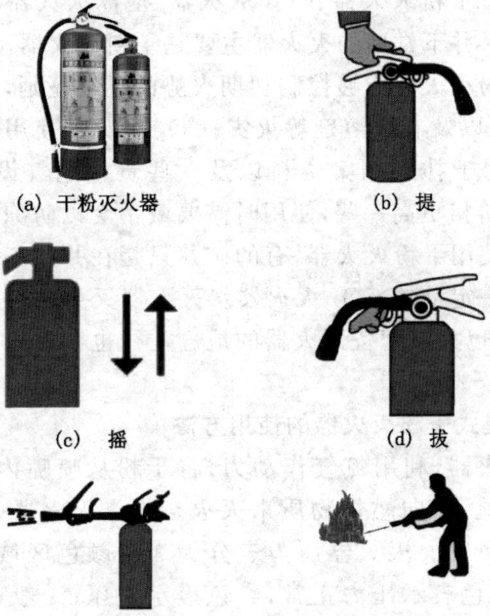

(a) 干粉灭火器　(b) 提　(c) 摇　(d) 拔　(e) 压　(f) 瞄

图 7-1　操作步骤

四、演练注意事项

(1) 演练应在空旷的场地或专门的实训场地进行，周围没有可燃物，以防意外起火。

(2) 点火时必须保持安全距离和控制火势，以防火势太猛伤人。

(3) 为加快进度，演练可分组进行，但每组都必须有 1 位指导教师。2 名学员同时演练，必须另有 2 名学员持灭火器等待，火势难以控制时，等待的 2 名学员在教师的指导下可及早进行灭火。

(4) 演练结束，要确保火一定熄灭，方可离开。

五、操作考核标准

实操考核教师参照表7-1为每组学员打分，不及格的学员需要继续训练，确保每位学员操作合格。

表7-1　干粉灭火器实操考核表

序号	考核项目	考核标准	项目分值/分	考核得分/分	扣分原因
1	检查灭火器	知道查看压力表	5		
		能说出红、黄、绿3种颜色代表的压力情况	5		
2	提	右手握住压把，提取灭火器部位合适	5		
		灭火器瓶体垂直	5		
		以正确的方向迅速到达现场	5		
		人站在火源的上风侧	5		
3	摇	上下颠倒灭火器			
4	拔	除去铅封	10		
		拔掉保险销	10		
5	压	会压住灭火器开关	5		
		握好喷管	5		
6	瞄	瞄准火源根部喷射	10		
		距离火源3～5 m	10		
		有效灭火	10		
7	检查火源	是否查看余火	5		
		是否彻底熄灭	5		
合计			100		

编号：　　　　学员签名：　　　　教师签名：

第五节　自救器的使用训练

目的：熟练掌握自救器的使用方法。

类型：操作演练。

地点：教室室内。

一、自救器的使用方法

自救器分为化学氧自救器和压缩氧自救器，其使用方法见第五章第三节。演练前学员应熟悉自救器的操作步骤和注意事项。

二、实操考核情况

ZH30D 型隔离式化学氧自救器实操考核情况见表 7-2。

表 7-2　ZH30D 型隔离式化学氧自救器实操考核表

序号	考核项目	操作标准	评分标准	标准分值/分	考核得分/分
1	识别自救器	正确说出自救器的类型、型号、使用时间。例如，类型：隔离式化学氧自救器；型号：ZH30D；使用时间：30 min	未能准确说出自救器的类型、型号、使用时间，每项扣 2 分	5	
2	佩戴自救器	将专用腰带穿入自救器腰带环内，固定在背部一侧腰间	未将专用腰带穿入自救器腰带环内扣 5 分	5	
			固定在背部一侧腰间	5	

表 7-2(续)

序号	考核项目	操作标准	评分标准	标准分值/分	考核得分/分
3	开启扳手	使用时先将自救器沿腰带转到右侧腹前，左手托底，右手拉护罩胶片，使护罩挂钩脱离壳体，再用右手掰锁口带扳手至封印条断开后，丢开锁口带	使用时先将自救器沿腰带转到右侧腹前，左手托底	5	
			右手拉护罩胶片，使护罩挂钩脱离壳体	5	
			掰锁口带扳手至封印条断开，丢开锁口带	10	
4	去掉上外壳	一只手抓住下外壳，另一只手将上外壳用力拔下、扔掉	一只手不抓下外壳扣 2 分，上外壳拔不下来扣 5 分	5	
5	套上挎带	将挎带套在脖子上	未将挎带套在脖子上扣 5 分	5	
6	戴好口具	提起口具并立即拔出启动针，使气囊逐渐鼓起，立即拔掉口具塞并同时将口具塞入口中，口具片置于唇齿之间，牙齿紧紧咬住牙垫，紧闭嘴唇	不提起口具扣 5 分，不知拔启动针扣 5 分	5	
			没有及时拔掉口具塞扣 5 分，没有及时将口具塞入口中扣 5 分，嘴唇不闭合漏气扣 5 分	5	
			口具放入口中位置不正确或口具胶管扭曲的扣 5 分	5	
			气囊鼓起后出现扭曲的扣 5 分	5	

表 7-2(续)

序号	考核项目	操作标准	评分标准	标准分值/分	考核得分/分
7	夹好鼻夹	两手同时抓住两个鼻夹垫的圆柱形把柄,将弹簧拉开,憋住一口气,使鼻夹垫准确地夹住鼻子	没拉开弹簧扣10分,未夹住鼻子扣10分	10	
8	调整挎带	拉动挎带上的大圆环,使长度适宜后,系在小圆环上	挎带长度不合适扣5分,未系在小圆环上扣5分	10	
9	撤离灾区	上述操作完成后,开始撤离灾区。途中感到吸气不足时不要惊慌,应放慢脚步,做深呼吸,待气量充足后再快步行走	鼻夹脱落每发现1次扣5分,人为拔掉鼻夹、口具1次扣10分	15	
			走路惊慌,不按指示路线走扣10分		
			自救器固定不好、乱晃扣5分		
合计				100	

注:演练过程中故意损坏自救器,考核分数记零分。各项扣分扣完为止,不能出现负分。

第六节　创伤急救训练

目的:学会制作简易担架,学会用担架搬运伤员。

类型:室外模拟演练。

地点:室外空阔的草地上。

一、心肺复苏

(一) 操作方法

心肺复苏的操作方法见第五章第四节,实操考核前学员应当理解并记住这些操作方法。在抢救过程中气道是否放开、胸外按压位置及按压强度是否正确、人工呼吸吹入潮气量是否足够、规范动作是否正确等,是抢救病人是否成功的关键。实操考核可在心肺复苏模型上进行,没条件的可以采用两人一组交替进行。

(二) 考核标准

实际心肺复苏中,胸外心脏按压与口对口吹气法都是同时配合使用的,考核内容也应该包括配合使用情况。具体考核标准见表 7-3。

表 7-3　心肺复苏实操考核标准

序号	考核内容	标准分值/分	评分标准	扣分
1	迅速跑步至患者旁边	5	动作迟缓扣 5 分	
2	判断患者意识:双手轻拍患者肩部(5 分)并大声呼叫患者(5 分),确认患者意识是否丧失(5 分)	15	缺一项扣 4 分	
3	仰卧位于硬板床或地上(5 分)	5	非硬板床、硬木板或地上等硬质面上扣 5 分	
4	将患者放置于仰卧位,解开衣领、腰带等(5 分)抢救者站在或跪在患者一侧(5 分),立即进行胸外心脏按压术(10 分)	15	按项扣分,15 分扣完为止	

表 7-3(续)

序号	考核内容	标准分值/分	评分标准	扣分
5	胸外心脏按压:按压部位,胸骨中下 1/3 交界处(双乳头连线与胸骨交界处)	10	按压部位不准确扣 5～10 分;严禁按压胸骨角、剑突下及左右胸部,否则扣 10 分	
6	按压手法:一只手掌根部放于按压部位,另一只手平行重叠于此手背上,两只手手指紧紧相扣,只以掌根部接触按压部位(5 分)。按压时手掌根不离开胸壁(5 分)	10	按压手法不正确扣 5 分,按压时中断按压扣 5 分	
7	双臂位于患者胸骨的正上方,双肘关节伸直,利用上身重量垂直下压(5 分);按压幅度,成人胸骨下陷大于 5 cm,而后迅速放松,重复 2 个循环(5 分);按压时间与放松时间之比为 1∶1(5 分);按压频率,100 次/min (5 分);按压与人工呼吸之比为 30∶2 (5 分);学员应连续操作完成 30∶2 的 5 个循环(5 分)	20	按压方法不正确扣 5 分,按压幅度不正确扣 5 分。重复两个循环,缺少一个循环扣 5 分,按压频率不正确扣 5 分。扣完为止	
8	人工呼吸:口对口人工呼吸,送气时紧捏患者鼻翼(5 分),呼气时松开(5 分),每次 1 s(5 分),可见胸廓起伏即可(5 分)	20	按项扣分,扣完为止	
	合计	100		

二、搬运伤员

（一）伤员包扎和搬运的方法

伤员包扎和搬运的方法见第五章第四节。

每组选取一名体重中等的学员，假定其受了伤，组内其他学员对该伤员进行简单的包扎处理，然后搬运到指定的地点。

搬运的基本程序如下：

（1）检查伤员的伤情，对其进行简单的包扎处理。实操考核现场需要事先准备好绷带、纱布和剪刀等。

（2）把担架平放在伤员一侧，两名学员跪在伤员的另一侧，其中一人抱住伤员的颈部和下背部，另一人抱住伤员的臀部和大腿，其他学员在合适的位置协助，平稳地把伤员托起，轻轻放在担架上。

（3）4 名学员把担架抬起，抬起时伤员头在前、脚在后，以便后面人员能看到伤员的表情。其他学员在两侧协助，以防发生意外。

（4）组长发出出发指令，搬运伤员向目的地前进。搬运过程中动作要轻，脚步要稳，步伐一定要迅速而一致，要避免摇晃和振动，更不能跌倒。

（5）到达目的地后，轻轻地把伤员放到指定位置，动作一定要轻，不能使担架侧翻，更不能使伤员摔在地上。

指导教师在现场随时对各组的搬运情况进行打分和点评，发现问题和隐患，及时纠正，确保模拟演练人员安全。

到达目的地后，每组可另选一名学员模拟伤员，进行搬运。

（二）考核方法

假定一个伤员脚部骨折，对其进行包扎和搬运的考核方法见表 7-4。对其他类伤员的包扎和搬运考核情况，指导老师可参考表 7-4 及本单位实操考核条件来制定，但实操考核前一定要制定好发给学员。

表 7-4　脚部骨折伤员搬运考核表

项目	考核内容	标准分值/分	得分
检查	全身检查,顺序为头、颈、胸、腹、会阴、骨盆、四肢、背部,判断伤情	5	
包扎固定	(1) 牵引伤肢手法正确,手法稳定(5 分) (2) 固定带、软垫摆放位置正确(5 分) (3) 夹板选择、放置正确(5 分) (4) 足踝 8 字固定手法正确(5 分) (5) 固定带绑紧顺序:捆绑 3～4 道,先中间、后两头(5 分) (6) 打结方法正确:打结在夹板缝隙处,打活结(5 分) (7) 调节扎带松紧度:上下活动以不超过 1 cm 为宜(5 分) (8) 修剪扎带长度,尾端留出 2 cm 为宜(5 分) (9) 包扎后足部血液循环、足趾活动能力检查(5 分) (10) 下肢骨折患肢置于功能位(5 分)	50	
搬运	(1) 调整担架,长度等尽可能舒适(5 分) (2) 小组成员一起,共同将伤者轴位翻动,从身体两侧放入铲式担架合拢锁定(不能夹伤患者)(10 分) (3) 急救员动作正确、协调、平稳(5 分) (4) 按头部、胸部、髋部、下肢的顺序规范固定(10 分) (5) 固定带松紧度适当(5 分) (6) 急救员平稳地抬起伤者,足先行(5 分) (7) 抬起伤员行走,脚部迅疾而平稳,同时观察伤者情况(5 分)	45	

第七节 应急疏散训练

目的:使煤矿从业人员掌握如何按避灾路线撤退至地面。

类型:下井参观+地面模拟演练。

地点:本矿井下+地面模拟演练场。

组织学员进行一次针对本矿主要灾害发生后沿避灾路线撤退的现场参观,熟悉井下避火路线的路标,看懂井下避灾路线的方向及要求。地面通过设置围栏、路标,悬挂幕布等,模拟井下灾变时的场景,学员分组现场模拟,考核小组能否团队协作沿避灾路线撤退。

一、撤退路线

(1) 当模拟瓦斯、煤尘爆炸或火灾时,位于灾区进风侧的人员可迎着新鲜风流撤退到安全地点。

(2) 当模拟瓦斯、煤尘爆炸或火灾时,在确保安全的情况下,位于灾区回风侧的人员可以强行冲过灾害发生地点进入新鲜风流区;当不能冲过灾害发生地点时,位于灾区回风侧的人员应立即佩戴好自救器,选择最近路线撤退到新鲜风流中。

(3) 模拟透水事故时,人员应先沿着避灾路线撤退到高处脱险;当路标损坏、迷失方向时,应朝着有风流通过的上山巷道撤退;当被涌水围困无法退出时,尽快进入避难硐室,迫不得已时可爬到顶板高冒处避难。

(4) 模拟顶板事故时,沿着避灾路线迅速撤离至安全地点;当被困人员位于独头巷道以里或被冒顶堵隔时,应在遇险地点构筑安全空间,配合外部营救,为提前脱险创造条件。

二、升井方式

人员撤退至安全地点后,应及时设法跟地面调度室取得联系,以便于在调度室的指挥下安全升井。当不能乘坐提升设备升井时，可以爬立井的梯子间或在斜井、平巷中行走撤退到地面。

三、注意事项

(1) 入井前应带全各种劳动保护用品和自救器、矿灯等必需品，必要时带上干粮和饮用水。模拟中不带矿灯和自救器的直接判定为不合格。

(2) 演练时应安排若干名安检员或老工人现场指导，发现演练中的问题及时指出来，以便改正。

(3) 教员应随同演练人员一同行动，随时回答演练人员的提问并观察演练人员的表现，保证演练过程顺利、方法正确、安全。

(4) 模拟瓦斯、煤尘爆炸事故，必须正确佩戴自救器。

(5) 本次演练可作为一次综合演练，可穿插与灭火器使用、自救器使用、创伤急救、事故隐患识别(防止二次事故)等综合在一起考核。

附　　录
煤矿新工人考试题库

（扫描本书封底的二维码，注册与验证后，可在“众安教培服务平台”中练题。）

一、判断题

1. 煤矿企业在和从业人员订立合同时，从业人员无权知道干的是什么工种，接触的是什么危害因素。（　）
2. 煤矿从业人员在享受安全生产权利的同时，也必须依法履行安全生产的义务。（　）
3. 煤矿从业人员应积极参加工会组织的对本企业安全生产工作的民主管理和民主监督。（　）
4. 噪声聋是人们在工作过程中，由于长期暴露噪声而发生的一种听觉损伤，不是我国法定职业病之一。（　）
5. 未经安全生产教育和培训合格的从业人员不得上岗作业。（　）
6. 煤矿企业必须对新入矿的从业人员进行职业性安全技能培训，但可以不必对从事职业危害作业的工人进行上岗前体检。（　）
7. 职业危害因素是指生产劳动过程中，存在于作业环境中的、危害劳动者健康的因素。（　）

8. 煤矿企业为从业人员配备的劳动防护用品、用具，可适当向从业人员收取一定的费用。（　）

9. 煤矿企业与从业人员订立的劳动合同，应当载明有关保障从业人员劳动安全、防止职业危害的事项，以及依法为从业人员办理工伤社会保险的事项。（　）

10. 煤矿企业可以与从业人员订立协议，免除其对从业人员因生产安全事故伤亡依法应承担的责任。（　）

11. 从业人员无权了解其作业场所和工作岗位存在的危险因素、防范措施及事故应急措施。（　）

12. 从业人员有权对本企业安全生产工作中存在的问题提出批评、检举、控告。（　）

13. 从业人员有权拒绝违章指挥和强令冒险作业。（　）

14. 煤矿企业不得因从业人员对本企业安全生产工作提出批评、检举、控告或者拒绝违章指挥、强令冒险作业而降低其工资、福利等待遇或者解除与其订立的劳动合同。（　）

15. 从业人员发现直接危及人身安全的紧急情况时，要留部分人员采取措施，不得擅自撤离作业场所。（　）

16. 因生产安全事故受到损害的从业人员，除依法享有工伤社会保险外，依照有关民事法律，有权向本单位提出赔偿要求。（　）

17. 从业人员在作业过程中，应当严格遵守本单位的安全生产规章制度和操作规程，服从管理。（　）

18. 从业人员有权对本单位的安全生产工作提出建议。（　）

19. 从业人员应当接受安全生产教育和培训，掌握本职工作所需的安全生产知识，提高安全生产技能，增强事故预防和应急处理能力。（　）

20. 从业人员发现事故隐患或者其他不安全因素，应当立即向现场安全生产管理人员或者本单位负责人报告。（　）

21. 煤矿企业的从业人员不服从管理，违反安全生产规章制度或者操作规程的，由煤矿企业给予批评教育，依照有关规章制度给予处分。（　）

22. 煤矿企业应当向从业人员告知职业危害因素及应急处理方案。（　）

23. 从业人员依法享有劳动安全卫生保护的权利。（　）

24. 依法订立的劳动合同具有法律约束力，当事人必须履行劳动合同规定的义务。（　）

25. 违反法律、行政法规的劳动合同和采取欺诈、威胁等手段订立的劳动合同为无效的劳动合同，没有法律约束力。（　）

26. 煤矿企业未按照劳动合同约定支付劳动报酬或提供劳动条件的，从业人员不可以解除劳动合同。（　）

27. 煤矿企业招用劳动者时，要如实告知劳动者工作内容、工作条件、工作地点、职业危害、安全生产状况、劳动报酬，以及劳动者要求了解的其他情况。（　）

28. 煤矿企业以暴力、威胁或者非法限制人身自由的手段强迫劳动者劳动的，劳动者可以立即解除劳动合同，不需事先告知用人单位。（　）

29. 煤矿企业可以以实物形式按月支付给劳动者工资。（　）

30. 从业人员在生产、作业中违反有关安全管理的规定，因而发生重大伤亡事故或者造成其他严重后果的，处三年以下有期徒刑或者拘役；情节特别恶劣的，处三年以上七年以下有期徒刑。（　）

31. 劳动合同期限一年以上不满三年的，试用期不得超过两个月；

三年以上固定期限和无固定期限的劳动合同，试用期不得超过六个月。（ ）

32. 劳动者在试用期的工资可以低于用人单位所在地的最低工资标准。（ ）

33. 从业人员拒绝用人单位管理人员违章指挥、强令冒险作业的，不视为违反劳动合同。（ ）

34. 在工作时间和工作岗位，突发疾病死亡或者在 48 h 之内经抢救无效死亡的，应当视同为工伤。（ ）

35. 在上下班途中，受到机动车事故伤害的，应认定为工伤。（ ）

36. 煤矿企业对新招入矿的人员可以直接安排从事生产作业活动。（ ）

37. 职业病是可以预防的。（ ）

38. 是否进行个体防护和煤矿从业人员的尘肺发病无关。（ ）

39. 从业人员在作业过程中应当正确佩戴和使用劳动防护用品。（ ）

40. 煤矿企业应保证从业人员了解事故应急处理措施，知悉自身在安全生产方面的权利和义务。（ ）

41. 从业人员对危害其生命安全的行为，无权提出控告。（ ）

42. 接触粉尘时间长短和煤矿从业人员的尘肺发病无关。（ ）

43. 所有煤矿企业从业人员必须经考试合格后持证上岗。（ ）

44. 煤矿企业从业人员必须身体健康，无职业禁忌症。（ ）

45. 煤矿企业从业人员必须年满 16 周岁且不超过国家法定退休年龄。（ ）

46. 煤矿企业从业人员必须具有初中及以上文化程度。（ ）

47. 粉尘不是煤矿作业场所常见职业病危害因素。（ ）

48. 新招入矿的井下作业人员实习期满 3 个月后，方可独立上岗

作业。（　）

49. 对接触职业危害的从业人员，煤矿企业应按照国家有关规定组织上岗前和离岗时的职业健康检查，在岗期间则不必进行职业健康检查。（　）

50. 从业人员必须在高噪声的条件下工作时，佩戴个人防护用品是保护听觉器官的有效措施。（　）

51. 煤矿企业对检查出的职业病患者，必须按国家规定及时给予治疗、疗养和调离有害作业岗位，并做好健康监护及职业病报告工作。（　）

52. 从业人员入井前，应具备煤矿井下作业的安全生产基本知识，需要休息好，注意饮食，精力充沛，高高兴兴下井。（　）

53. 从业人员入井前都必须参加班前会，熟知本班作业任务、操作规程及安全注意事项。（　）

54. 入井前应穿好工作服，戴好安全帽，穿好胶靴鞋，戴好矿灯。（　）

55. 每一个入井人员必须随身佩戴自救器。（　）

56. 严禁携带烟火入井。（　）

57. 工伤保险待遇包括工伤医疗待遇、伤残待遇、工亡待遇和职业健康监护待遇。（　）

58. 煤矿企业从业人员在工作中，因接触粉尘、放射性物质和其他有毒、有害因素而引起的疾病属于职业病。（　）

59. 从业人员可以穿化纤衣服下井。（　）

60. 从业人员可以搭乘运输煤炭、物料的矿车。（　）

61. 从业人员可随意进入机电硐室参观、休息。（　）

62. 从业人员可以趴、乘井巷中运行的车辆。（　）

63. 矿帽可保护头部免遭垮落的小块煤岩击伤，也可减少不小心

碰到支架及其他坚硬物体的伤害。（ ）

64. 疑似职业病病人在诊断、医学观察期间的费用，由用人单位承担。（ ）

65. 从业人员乘车时必须遵守乘车规定，听从司机及乘务人员指挥。（ ）

66. 从业人员升井时可以乘坐运送物料的空矿车。（ ）

67. 从业人员乘车时身体和所携带工具可以露出车外。（ ）

68. 从业人员应自觉接受井口安检人员的检身。（ ）

69. 从业人员在运输大巷行走时应走人行道，严禁在轨道中间行走。（ ）

70. 乘坐罐笼、平巷、斜巷人车应服从指挥，按先后次序入罐上车。（ ）

71. 携带长工具通过架线电机车巷时，长工具不准扛在肩上行走，以防触电。（ ）

72. 从业人员通过装有绞车的提升斜巷，必须严格遵守“行车不行人，行人不行车”的制度。（ ）

73. 井下人员可以在刮板输送机上行走。（ ）

74. 从业人员乘坐罐笼时，要站稳扶牢，不准将头、手、脚等身体任何部位及工具等伸到外面去。（ ）

75. 从业人员出井后可将矿灯带回宿舍，用来夜间临时照明。（ ）

76. 从业人员应熟悉井下常用信号、安全标志、安全出口、避灾路线。（ ）

77. “三违”是指煤矿从业人员在生产过程中所发生的违章指挥、违章作业（操作）和违反劳动纪律的行为。（ ）

78. 从业人员要服从班组安全管理、认真落实岗位安全生产责任

制，规范作业。（　）
79. 严禁进入采空区、盲巷和废旧井巷。（　）
80. 不良情绪是导致行为失误、引起事故发生的重要因素之一。（　）
81. 严禁随意移动井巷内的机电设备和信号装置。（　）
82. 不便于携带的工具，下班时可存放在盲巷或采空区。（　）
83. 从业人员严禁任意移动井下安全监测系统中的各类传感器。（　）
84. 挂有“禁止通行”或危险警告标志牌板的地方，如果没有栏杆挡着，就可以进入。（　）
85. 煤矿从业人员要养成“手指口述”的安全操作行为习惯。（　）
86. 矿井为了排出地下涌水，必须建立排水系统。（　）
87. 在有地质构造、岩层破碎的地方必须加强支护。（　）
88. 采、掘工作面必须有新鲜、足够的风流。（　）
89. 断层破碎带可能积聚瓦斯，容易造成瓦斯事故。（　）
90. 煤矿井下的所有爆破作业，必须使用煤矿许用炸药。（　）
91. 井下爆破时，应设置警戒区，从业人员应听从指挥，撤到安全地点。（　）
92. 巷道支护的目的是阻止巷道围岩变形和垮落，防止顶板事故发生。（　）
93. 职业病病人变动工作单位，其依法享有的待遇不变。（　）
94. 采煤工作面必须严格按作业规程的规定及时支护，严禁空顶作业。（　）
95. 瓦斯是无色、无味、无臭的可燃性气体。（　）
96. 矿井必须采用机械通风，并有完整的通风系统。（　）
97. 矿井可以采用自然通风的方式进行通风。（　）

98. 煤矿企业应当保障职业病病人依法享受国家规定的职业病待遇。（　）
99. 煤层顶板可分为伪顶、直接顶和基本顶。（　）
100. 直接顶是指位于煤层或伪顶之上，具有一定的稳定性，移架或回柱后能自行垮落的岩层。（　）
101. 煤矿企业对从事接触职业病危害作业的从业人员，应当给予适当岗位津贴。（　）
102. 从业人员无权拒绝没有职业病防护措施的作业。（　）
103. 通风构筑物主要有风门、风墙、风桥、风窗和风硐等。（　）
104. 矿井通风可以有效地稀释和排除井下有害气体和矿尘。（　）
105. 从业人员不需要了解工作场所产生或者可能产生的职业病危害因素、危害后果和应当采取的职业病防护措施。（　）
106. 矿井开拓方式主要有立井、斜井、平硐和综合开拓。（　）
107. 矿井火灾按引火原因可分为内因火灾和外因火灾。电缆和输送带着火叫外因火灾。煤炭自燃叫内因火灾。（　）
108. 矿井必须安装 2 套同等能力的主要通风机装置，1 套工作，另 1 套作检修备用。（　）
109. 矿井通风的基本任务之一是供给井下人员呼吸所需要的氧气。（　）
110. 在进、回风巷的交岔点，为避免风流短路而建造的通风构筑物称为风窗。（　）
111. 从业人员享有获得职业健康检查、职业病诊疗、康复等职业病防治服务的权利。（　）
112. 从业人员享有获得职业卫生教育、培训的权利。（　）
113. 掘进工作面停风时，不必立即撤出人员，切断电源。（　）

114. 煤矿企业可以安排未经上岗前职业健康检查的劳动者从事接触职业病危害的作业。　（　）
115. 含煤地层中覆盖在煤层上面的岩层称为煤层顶板。　（　）
116. 矿井必须从采掘生产管理上采取措施，防止瓦斯积聚；当发生瓦斯积聚时，必须及时处理。　（　）
117. 瓦斯爆炸必须同时具备一定的瓦斯浓度、引爆火源和足够的氧气三个条件。　（　）
118. 煤矿井下能引爆瓦斯的高温火源主要为爆破时出现的火焰、电气火花、冲击火花、摩擦高温和井下火灾等。　（　）
119. 煤尘爆炸必须同时具备的条件是：煤尘本身具有爆炸性、悬浮煤尘具有一定的浓度、一定温度的引燃火源和足够的氧气。　（　）
120. 井下可使用灯泡取暖，但严禁使用电炉。　（　）
121. 矿井透水事故没有预兆，是不可避免的。　（　）
122. “先探后掘”是指先探明巷道前方没有水害威胁后再掘进施工。　（　）
123. 从业人员发现职业病危害事故隐患应当及时报告。　（　）
124. 煤矿企业应当对从业人员进行上岗前的职业卫生培训和在岗期间的定期职业卫生培训。　（　）
125. 井下作业开工前必须严格执行“敲帮问顶”制度。　（　）
126. 井口房和通风机房附近 20 m 内严禁烟火，也不得用火炉取暖。　（　）
127. 掘进工作面爆破崩倒、崩坏的支架必须先行修复，之后方可进入工作面作业。　（　）
128. 电气设备着火时，用水扑灭前必须先切断电源。　（　）
129. 井下使用的润滑油、棉纱、布头和纸等，必须存放在盖严的铁

桶内。（ ）

130. 井下工作人员可以不熟悉灭火器材的使用方法。（ ）

131. 产生严重职业病危害的作业岗位，应当在其醒目位置，设置警示标识和中文警示说明。（ ）

132. 用架空乘人装置运送人员时，严禁同时运送携带爆炸物品的人员。（ ）

133. 使用刮板输送机运料，经班组长同意可以不制定安全措施。（ ）

134. 斜井提升时，严禁蹬钩、行人。（ ）

135. 虽然煤与瓦斯突出的发生很突然，但在突出前大都有预兆。（ ）

136. 井巷揭穿含水层、地质构造带时易发生透水事故。（ ）

137. 一个矿井的所有煤层都发现瓦斯，该矿井才是瓦斯矿井。（ ）

138. 严禁在停风或瓦斯超限的区域内作业。（ ）

139. 没有防尘供水管路的采掘工作面可以安排生产。（ ）

140. 井下所有煤仓和溜煤眼的存煤都应放空，以免影响通风。（ ）

141. 炮采工作面，应采取湿式打眼，爆破时可以不使用水炮泥。（ ）

142. 必须及时清除巷道中的浮煤，清扫或冲洗沉积煤尘。（ ）

143. 从业人员发现煤与瓦斯突出预兆时，应立即汇报，但不能停止工作。（ ）

144. 井下从业人员必须熟悉本职工作区域内灭火器材的存放地点。（ ）

145. 运送爆破材料可以在交接班和人员上下井的时间内进行。（ ）

146. 非专职人员或非值班电气人员不得擅自操作电气设备。（　）

147. 下井人员严禁携带烟草和点火物品。（　）

148. 掘进工作面可以空顶作业。（　）

149. 产生职业病危害的煤矿企业，应当在醒目位置设置公告栏，公布有关职业病防治的相关内容。（　）

150. 采煤工作面严禁在浮煤或浮矸上架设支架。（　）

151. 煤矿应加强入井从业人员培训，使其熟悉各种灾害情况的避灾路线，并能正确使用安全避险设施。（　）

152. 煤矿安全避险“六大系统”是指监测监控系统、人员定位系统、紧急避险系统、压风自救系统、供水施救系统和通信联络系统。（　）

153. 煤矿企业应提供符合防治职业病要求的职业病防护设施和个人使用的职业病防护用品，改善工作条件。（　）

154. 隔离式自救器的作用包括提供氧气防止窒息和防止有害气体中毒。（　）

155. 携带自救器时，应避免碰撞、跌落，禁止将自救器当坐垫用。（　）

156. 如果自救器外壳已意外开启，应停止使用。（　）

157. 在整个逃生过程中要注意把口具、鼻夹戴好，保证不漏气。（　）

158. 从业人员使用自救器时发现呼气时气囊瘪而不鼓，并渐渐缩小时，表明自救器的使用时间已接近终点，要做好应急准备。（　）

159. 自救器不能使用或失效时，应跑步前行至安全地点。（　）

160. 自救器不能使用或失效时，应首先用干毛巾捂住口鼻，俯身前行至安全地点。（　）

161. 发生煤矿灾害事故后，从业人员及时报告灾情后未经领导同意，不得撤离作业场所，应积极参加抢险救灾。（ ）

162. 发生灾害事故后，事故地点附近的人员应迅速利用最近处的电话或其他方式向矿调度室报告。（ ）

163. 井下人员一旦遇到瓦斯爆炸时，要背向空气震动的方向，俯卧倒地，面部贴在地面以降低身体高度，避开冲击波的强力冲击，并暂时屏住呼吸，用湿毛巾捂住口鼻，防止把火焰吸入肺部造成内部烧伤。（ ）

164. 发生爆炸后要辨清方向，应首先沿正确的避灾路线迅速撤退，并在撤退途中佩戴好自救器。（ ）

165. 发生矿井火灾事故时，位于火源进风侧的人员，应迎着新鲜风流撤退。（ ）

166. 发生矿井火灾事故时，位于火源下风侧的人员，应迎着新鲜风流撤退。（ ）

167. 矿井发生透水事故时，撤退时应靠近巷道一侧，尽量避开压力水头和泄水流，防止滚动矸石和木料等撞伤。（ ）

168. 矿井发生透水事故时，如出口被封无法撤退，应有组织地在原工作地点等待营救。（ ）

169. 矿井发生透水事故时，在撤退沿途和所经巷道交岔口，留设标志，以提示救护人员的注意。（ ）

170. 佩戴自救器撤离时，可以通过口具讲话。（ ）

171. 当矿井有即将发生冒顶征兆时，从业人员应迅速离开危险区，撤退到安全地点。（ ）

172. 有人员出现窒息和中毒情况时，应当立即在现场采取救护措施。（ ）

173. 井下发生灾害时，撤退路线应尽量选择安全条件最好、距离

最短的路线，迅速撤离危险区域。（　）

174. 矿井每个入井人员应掌握正确的自救、互救基本知识。（　）

175. 口对口人工呼吸法是现场急救常用的人工呼吸方法。（　）

176. 自救就是矿井发生灾变事故时，在灾区或受灾变影响区域的人员进行避灾和保护自己而采取的措施及方法。（　）

177. 人工呼吸术、人工胸外心脏按压术是伤员心脏、呼吸骤停所采用的现场最初急救措施。（　）

178. 转送昏迷的伤员时，应将伤员的头放正。（　）

179. 对脊柱损伤的伤员，必须让伤员试行站立，以判断伤情。（　）

180. 骨折后将骨折肢体在原位固定，是错误的现场急救方法。（　）

二、选择题

1. 煤矿生产建设应当认真贯彻落实（　）的安全生产方针。

A. 安全第一，预防为主

B. 安全第一，预防为主，综合治理

C. 预防为主，综合治理

2. 以下不属于从业人员安全生产权利的是（　）。

A. 调整工作岗位

B. 对安全工作批评建议

C. 拒绝违章作业

3. 从业人员发现直接危及人身安全的紧急情况时，（　）停止作业或者在采取可能的应急措施后撤离作业场所。

A. 有权　　B. 经请示后可　　C. 无权

4. 煤矿企业必须依法参加工伤保险，从业人员的保险费由（　）缴纳。

A. 个人　　B. 企业　　C. 政府部门

5. 从业人员或者其近亲属认为是工伤，煤矿企业不认为是工伤的，由（　　）承担举证责任。

A. 煤矿企业　　B. 从业人员　　C. 企业工会

6. 因工负伤并被确认丧失或者部分丧失劳动能力的，煤矿企业（　　）解除劳动合同。

A. 可以　　B. 不可以　　C. 赔偿后可以

7. 煤矿企业应当保证劳动者每周至少休息（　　）。

A. 2 天　　B. 1 天　　C. 半天

8. 目前我国法定职业病中发病率最高的是（　　）。

A. 尘肺病　　B. 噪声聋　　C. 苯中毒

9. 从业人员生病住院不能上班，煤矿企业（　　）解除与之签订的劳动合同。

A. 应该　　B. 可以　　C. 不得

10. 煤矿企业自用工之日起超过一个月不满一年未与劳动者订立书面劳动合同的，应当向从业人员每月支付（　　）的工资。

A. 2 倍　　B. 3 倍　　C. 5 倍

11. 从业人员享有（　　）违章指挥和强令进行没有职业病防护措施的作业的权利。

A. 拒绝　　B. 参与　　C. 逃避

12. 从业人员患职业病需要暂停工作接受工伤治疗的，在停工留薪期内，原工资福利不变，由所在煤矿企业（　　）支付。

A. 按年　　B. 按季度　　C. 按月

13. 生活不能自理的工伤职工在停工留薪期需要护理的，由（　　）负责。

A. 职工本人　　B. 所在单位

C. 职工和所在单位共同

14. 从业人员因职业病死亡,其近亲属领取的一次性工亡补助金标准为:上一年度全国城镇居民人均可支配收入的(　　)。

A. 10 倍　　B. 20 倍　　C. 30 倍

15. 煤矿企业必须安排主要负责人和领导班子成员下井带班,确保与工人(　　)。

A. 同时开班前会　　B. 同时排查隐患

C. 同时下井、同时升井

16. 粉尘对人体的健康危害主要影响(　　)。

A. 消化系统　　B. 呼吸系统　　C. 神经系统

17. 根据现行有关规定,我国目前使用的安全色中的(　　),表示禁止、停止,也代表防火。

A. 红色　　B. 黄色　　C. 绿色

18. 根据现行有关规定,我国目前使用的安全色中的(　　),表示警告、注意。

A. 红色　　B. 黄色　　C. 绿色

19. 各煤矿企业对已确诊为尘肺病的职工(　　)。

A. 必须调离粉尘作业岗位

B. 尊重病人意愿,是否继续从事粉尘作业

C. 由单位决定,是否从事粉尘作业

20. 在煤矿生产中,当生产与安全发生矛盾时必须坚持(　　)。

A. 安全第一　　B. 生产第一　　C. 完成任务第一

21. 个体防尘要求作业人员佩戴防尘(　　)或防尘安全帽。

A. 眼镜　　B. 口罩　　C. 耳塞

22. 上岗前职业健康监护检查应在开始从事有害作业前完成,属于(　　)职业健康监护检查。

A. 自愿　　　B. 协议　　　C. 强制

23. 煤矿用产品安全标志标识符号为(　　)。

A. GB　　　B. MA　　　C. KY

24. 当物体扎入人员的身体时,应采用的救助方法是(　　)。

A. 拔出扎入的物体

B. 拔出扎入的物体实施加压包扎

C. 固定扎入的物体后送往医院

25. 职工不得认定为工伤或者视同工伤的情形为(　　)。

A. 因工外出期间下落不明的　　B. 酗酒或自残的

C. 患职业病的

26. 劳动者被诊断患有职业病,但用人单位没有依法参加工伤保险的,其医疗和生活保障由(　　)承担。

A. 个人　　　B. 单位　　　C. 个人和单位共同

27. 用人单位对不适宜继续从事原工作的职业病病人,应当(　　)。

A. 调离原工作岗位

B. 解除劳动合同并给予一次性补贴

C. 调离原岗位并妥善安置

28. 从业人员在采煤工作面行走时,不得进入(　　)。

A. 采空区　　　B. 支架下　　　C. 避难硐室

29. (　　)是煤矿安全生产的最基层组织。

A. 班组　　　B. 科室　　　C. 区队

30. 人力推车时,一次一人只准推(　　)辆车。

A. 1　　　B. 2　　　C. 3

31. 井下人员需要休息时应选择作业地点附近的(　　)。

A. 安全地点　　　B. 盲巷　　　C. 机电硐室

32. 从业人员严禁用手扶或碰撞运行中的钢丝绳、牵引链及(　　)。

A. 支架　　B. 管道　　C. 输送带

33. 斜井提升的安全信号有声光信号，光信号为不同颜色的灯光，红灯表示停止，(　　)表示通行。

A. 黄灯　　B. 绿灯　　C. 蓝灯

34. 油料火灾不宜用(　　)灭火。

A. 干粉　　B. 沙子　　C. 水

35. 岩层温度随着矿井开采深度的增大(　　)。

A. 不变　　B. 下降　　C. 上升

36. 煤层产状要素是指走向、倾向和(　　)。

A. 断层　　B. 硬度　　C. 倾角

37. 对遭受或者可能遭受急性职业病危害的劳动者，用人单位应当及时组织救治、进行健康检查和医学观察，所需费用由(　　)承担。

A. 个人　　B. 单位　　C. 个人和单位共同

38. 断裂面两侧煤(岩)层产生明显位移的断裂构造称为(　　)。

A. 背斜　　B. 裂隙　　C. 断层

39. 上盘相对下降，下盘相对上升的断层称为(　　)。

A. 正断层　　B. 逆断层　　C. 向斜

40. 煤矿井下爆破作业必须采用煤矿许用(　　)来起爆。

A. 火雷管　　B. 电雷管　　C. 导火索

41. 每个生产矿井必须至少有(　　)个能行人且通达地面的安全出口，各个出口间的距离不得小于 30 m。

A. 1　　B. 2　　C. 3

42. 斜井(巷)施工期间兼作人行道时，必须每隔(　　)设置躲避硐并设红灯。

A. 20 m　　B. 40 m　　C. 50 m

43. 采空区处理最常用的方法是(　　)。

A. 缓慢下沉法　　B. 全部垮落法

C. 充填法

44. 从业人员(　　)违章指挥和强令进行没有职业病防护措施的作业。

A. 无权拒绝　　B. 有权拒绝　　C. 必须听从

45. 采掘工作面回风巷风流中瓦斯浓度超过(　　)或二氧化碳浓度超过 1.5%时,必须停止工作,撤出人员,采取措施,进行处理。

A. 0.5%　　B. 0.75%　　C. 1%

46. 采掘工作面的空气温度不得超过(　　),机电设备硐室的空气温度不得超过 30 ℃。

A. 25 ℃　　B. 26 ℃　　C. 28 ℃

47. 井下用担架抬伤员时,应将伤员头部(　　),这样使后面抬担架的人可以随时观察伤员的变化情况。

A. 向前　　B. 朝后　　C. 抬高

48. 井下爆破必须由(　　)担任。

A. 班组长　　B. 瓦斯检查工　　C. 专职爆破工

49. 进行心肺复苏时,病人的正确体位应为(　　)。

A. 仰卧　　B. 俯卧　　C. 侧卧

50. 踝关节扭伤,为防止皮下出血和组织肿胀,在早期应选用(　　)。

A. 局部按摩　　B. 湿冷敷

C. 坐下休息不动

51. 既可以隔断风流又能行人和通车的通风构筑物是(　　)。

A. 风桥　　B. 风墙　　C. 风门

52. 硫化氢是一种无色、微甜、带有(　　)且易溶于水的剧毒气体。

A. 臭鸡蛋味　　B. 硫黄味　　C. 无味

53. 采掘工作面的空气温度超过(　　)、机电设备硐室的空气温度超过 34 ℃时,必须停止作业。

A. 26 ℃　　B. 30 ℃　　C. 32 ℃

54. 可以调节风量的通风构筑物是(　　)。

A. 风窗　　B. 风墙　　C. 风桥

55. 巷道贯通前,(　　)停止一个工作面的作业。

A. 可以　　B. 不必　　C. 必须

56. 对于脊柱受损的伤员,上下担架最好由(　　)共同操作。

A. 1 人　　B. 3 人　　C. 4 人

57. 矿井按瓦斯等级分为低瓦斯矿井、高瓦斯矿井和(　　)矿井。

A. 突水　　B. 煤与瓦斯突出　　C. 冲击地压

58. 瓦斯常常积聚在巷道(　　)。

A. 上部　　B. 中部　　C. 下部

59. 创伤急救,必须遵守"三先三后"的原则,对窒息或心跳呼吸刚停止不久的伤员应该(　　)。

A. 先搬运后止血　　B. 先固定后搬运

C. 先复苏后搬运

60. 创伤急救,必须遵守"三先三后"的原则,对出血伤员应该(　　)。

A. 先止血后搬运　　B. 先送医院后处置

C. 先搬运后止血

61. 以下属于煤与瓦斯突出预兆的是(　　)。

A. 煤炮声　　B. 气温升高　　C. 挂红

62. 以下属于煤与瓦斯突出预兆的是(　　)。

A. 挂汗　　B. 煤壁外鼓　　C. 气温升高

63. 以下属于透水预兆的是(　　)。

A. 水叫　　B. 气温升高　　C. 一氧化碳升高

64. 以下属于透水预兆的是(　　)。

A. 淋水增大　　B. 淋水变小　　C. 没有淋水

65. 以下属于透水预兆的是(　　)。

A. 煤壁“挂蓝”　B. 煤壁“挂绿”　C. 煤壁“挂红”

66. 出现透水征兆时,应当立即停止作业,报告(　　),并发出警报,撤出所有受水威胁地点的人员。

A. 本区科　　B. 矿调度室　　C. 值班人员

67. 更换巷道支护时,在拆除原有支护前,应先(　　)。

A. 加固邻近支护　　B. 拆除邻近支护

C. 架设永久支护

68. 属于采煤工作面顶板冒顶预兆的是(　　)。

A. 煤层变湿、挂汗

B. 顶板断裂声响的频率和音响增大

C. 气温异常、气味异常

69. 井下煤炭自燃易发生的地点是(　　)。

A. 机电硐室　　B. 采空区　　C. 运输大巷

70. 井下使用的汽油、煤油和变压器油必须装入(　　)内。

A. 盖严的铁桶　B. 盖严的木桶　C. 盖严的塑料桶

71. 巷道内能闻到较浓的煤油气味是(　　)的预兆。

A. 冒顶　　B. 突水　　C. 煤层自燃

72. 穿过带式输送机时,应该(　　)。

A. 从带式输送机上爬越

B. 从带式输送机下钻过

C. 走过桥

73. 斜巷乘坐人车时，必须要有（　　）。

A. 修理工　　B. 跟车人　　C. 电工

74. 矿灯应保持完好，发出的矿灯，最低应能连续正常使用（　　）。

A. 8 h　　B. 11 h　　C. 14 h

75. 电气设备的检查、维护和调整，必须由（　　）进行。

A. 电气维修工　　B. 班组长　　C. 机电队长

76. 临时停工的地点，（　　）停风。

A. 必须　　B. 不得　　C. 应该

77. 矿工在井下遇到火灾事故时进行自救的重要装备是（　　）。

A. 自救器　　B. 瓦检仪　　C. 矿车

78. 为确保避灾、自救和互救的有效性，每个入井人员必须掌握矿井的（　　）。

A. 采区　　B. 工作面　　C. 避灾路线

79. 煤矿企业必须为入井人员配备额定防护时间不低于（　　）的自救器。

A. 15 min　　B. 30 min　　C. 60 min

80. 隔离式自救器分为化学氧和（　　）自救器两种。

A. 压缩氧　　B. 固体氧　　C. 液态氧

81. 煤矿新工人岗前职业健康培训应不少于（　　）学时。

A. 4　　B. 6　　C. 8

【判断题答案】

1. ×	2. √	3. √	4. ×	5. √
6. ×	7. √	8. ×	9. √	10. ×
11. ×	12. √	13. √	14. √	15. ×

16. √	17. √	18. √	19. √	20. √
21. √	22. √	23. √	24. √	25. √
26. ×	27. √	28. √	29. ×	30. √
31. √	32. ×	33. √	34. √	35. √
36. ×	37. √	38. ×	39. √	40. √
41. ×	42. ×	43. √	44. √	45. ×
46. √	47. ×	48. ×	49. ×	50. √
51. √	52. √	53. √	54. √	55. √
56. √	57. √	58. √	59. ×	60. ×
61. ×	62. ×	63. √	64. √	65. √
66. ×	67. ×	68. √	69. √	70. √
71. √	72. √	73. ×	74. √	75. ×
76. √	77. √	78. √	79. √	80. √
81. √	82. ×	83. √	84. ×	85. √
86. √	87. √	88. √	89. √	90. √
91. √	92. √	93. √	94. √	95. √
96. √	97. ×	98. √	99. √	100. √
101. √	102. ×	103. √	104. √	105. ×
106. √	107. √	108. ×	109. √	110. ×
111. √	112. √	113. ×	114. ×	115. √
116. √	117. √	118. √	119. √	120. ×
121. ×	122. √	123. √	124. √	125. √
126. √	127. √	128. √	129. √	130. ×
131. √	132. √	133. ×	134. √	135. √
136. √	137. ×	138. √	139. ×	140. ×
141. ×	142. √	143. ×	144. √	145. ×

146. √	147. √	148. ×	149. √	150. √
151. √	152. √	153. √	154. √	155. √
156. √	157. √	158. √	159. ×	160. ×
161. ×	162. √	163. √	164. ×	165. √
166. ×	167. √	168. ×	169. √	170. ×
171. √	172. ×	173. √	174. √	175. √
176. √	177. √	178. ×	179. ×	180. ×

【选择题答案】

1. B	2. A	3. A	4. B	5. A
6. B	7. B	8. A	9. C	10. A
11. A	12. C	13. B	14. B	15. C
16. B	17. A	18. B	19. A	20. A
21. B	22. C	23. B	24. C	25. B
26. B	27. C	28. A	29. A	30. A
31. A	32. C	33. B	34. C	35. C
36. C	37. B	38. C	39. A	40. B
41. B	42. B	43. B	44. B	45. C
46. B	47. B	48. C	49. A	50. B
51. C	52. A	53. B	54. A	55. C
56. C	57. B	58. A	59. C	60. A
61. A	62. B	63. A	64. A	65. C
66. B	67. A	68. B	69. B	70. A
71. C	72. C	73. B	74. B	75. A
76. B	77. A	78. C	79. B	80. A
81. C				

参考文献

[1] 张晓彻. 煤矿新工人[M].北京:煤炭工业出版社,2008.

[2] 徐永,苏富强,张育磊.煤矿新工人培训教材[M].徐州:中国矿业大学出版社,2019.

[3] 李正军.徐州矿务集团新工人培训手册[M].徐州:中国矿业大学出版社,2010.

[4] 国家安全生产监督管理总局宣传教育中心.煤矿从业人员安全生产培训教材[M].徐州:中国矿业大学出版社,2008.

[5] 纪晓峰,谢耀社.《煤矿重大事故隐患判定标准》应用指南[M].北京:地质出版社,2021.

[6] 本书编委会.煤矿安全规程实施指南(2022)[M].北京:应急管理出版社,2022.

[7] 张晓军,穆三奴,宋明明.煤矿岗位作业流程标准化建设指南[M].北京:应急管理出版社,2022.

[8] 本书编写组.《煤矿安全生产标准化管理体系基本要求及评分方法(试行)》达标指南[M].北京:应急管理出版社,2020.

[9] 国家安全生产应急救援指挥中心.矿山事故应急救援典型案例及处置要点[M].北京:应急管理出版社,2018.

[10] 李国晓,吴玉军.煤矿从业人员安全培训教材[M].徐州:中国矿业大学出版社,2016.

[11] 王滨.煤矿从业人员安全培训教材[M].北京:应急管理出版社,2022.

煤矿井下主要指令标志

符号	设置地点	符号	设置地点
 必须戴安全帽	人员出入井口、更衣房、矿灯房等醒目地方	 必须携带自救器	入井口处、更衣室、领自救器房等醒目地方
 必须携带矿灯	入井口处、更衣房、矿灯房等醒目地方	 必须穿戴绝缘保护用品	井下变配电所（硐室）
 必须系安全带	建井施工处、井筒检修地点	 必须戴防尘口罩	井下打眼施工、炮烟区
 必须桥上通过	井下设有人行桥的地方	 必须走人行道	井下人行道两端
 鸣笛	井下机车通过巷道交岔处、道岔口和弯道前20～30 m鸣笛处	 必须加锁	剧毒品、危险品库房等地点

煤矿井下主要禁止标志(Ⅰ)

符号	设置地点	符号	设置地点
 禁带烟火	煤矿井口及井下	 禁止酒后入井	人员出入的井口
 禁止明火作业	禁止明火作业的地点	 禁止启动	不允许启动的机电设备
 禁止送电	变电所、移动电源开关停电检修等	 禁止扒乘矿车	井下运输大巷交岔口、采区车场、扒车事故多发地段
 禁止扒、蹬、跳人车	井下巷道,每隔 50 m 设一个	 禁止蹬钩	串车提升斜井上下口
 禁止跨、乘输送带	链板、带式输送机、钢丝绳牵引运输不许跨越的地方,每隔 30 m 设一个	 禁止井下攀牵线缆	井下敷有电缆、信号线等巷道内

煤矿井下主要禁止标志（Ⅱ）

符号	设置地点	符号	设置地点
 禁止入内	井下封闭区、瓦斯区、盲巷、废弃巷道及禁止人员入内的地点	 禁止停车	井下禁止停放车辆的地段
 禁止驶入	线路终点和禁止机车驶入的地段	 禁止通行	井下危险区、爆破警戒处、不兼作行人的绞车道，材料道及禁止行人的通道口等
 禁止放明炮、糊炮	井下采掘爆破工作面	 禁止井下睡觉	井下各工序岗位和作业区
 禁止同时打开两道风门	井下巷道风门处	 禁止井下随意拆卸矿灯	井口、井下工作面
 禁止穿化纤服装入井	人员出入的井口		

煤矿井下主要警告标志(Ⅰ)

符号	设置地点	符号	设置地点
 注意安全	提醒人们注意安全的场所及设备安置的地方	 当心瓦斯	井下瓦斯积聚地段、盲巷口、瓦斯抽放地点、巷道高冒处
 当心冒顶	井下冒顶危险区、巷道维修地段	 当心火灾	井下仓库、爆炸材料库、油库、带式输送机、充电室和有发火预兆的地点
 当心水灾	井下有透水或水患的地点	 当心煤（岩）与瓦斯突出	井下煤(岩)与瓦斯突出危险区
 当心有害气体中毒	井下 CH_4、CO、H_2S、NO_x 等有害气体危险地点	 当心爆炸	爆炸材料库、运送炸药和雷管的容器和设备上
 当心触电	有触电危险部位	 当心坠落	建井施工、井筒维修及井内高空作业处

煤矿井下主要警告标志(Ⅱ)

符号	设置地点	符号	设置地点
 当心坠入溜井	井下溜煤眼、溜矿井、溜矿仓	 当心片帮滑坡	井下有片帮滑坡危险的地段
 当心矿车行驶	井下行人巷道与运输巷道交岔叉处、井下兼行人的倾斜运输巷道内	 当心绊倒	井下地面有障碍物，绊倒易造成伤害的地方
 当心滑跌	井下巷道有易造成伤害的滑跌地点	 当心交岔道口	井下巷道交岔口处
 当心弯道	井下巷道拐弯处	 当心道路变窄 （左、右、正向）	井下巷道前方变窄的地段
 当心发生冲击地压	井下有冲击地压危险的作业区域		

煤矿井下主要路标、铭牌、提示标志(Ⅰ)

符号	设置地点	符号	设置地点
 紧急出口（左、右向）	设在井下采区安全出口路线上(间隔 100 m)和改变方向处	 躲避硐	井下通往躲避硐室的通道及躲避硐入口处
 急救站	井下通往急救站通道上	 爆破警戒线	井下爆破警戒线处
 沉陷区	井下地表沉陷滑落区	 前方慢行	井下风门、交岔道口、弯道、车场、翻罐等须减速慢行的地点
	井下运输巷道	 指示牌	根据需要自行设置
 避火灾、瓦斯爆炸路线	井下躲避火灾、瓦斯、煤尘爆炸的通道上	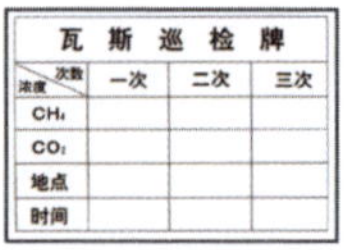 瓦斯巡检牌	井下采掘工作面等要求设置的地点

煤矿井下主要路标、铭牌、提示标志(Ⅱ)

符号	设置地点	符号	设置地点
	井下通往电话的通道上		井下火灾、瓦斯、水患等危险区附近
	井下进风巷道		井下回风巷道
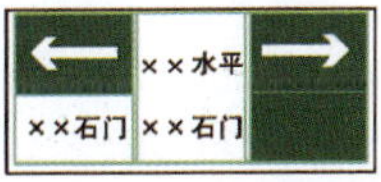	自行设置		井下躲避水灾的通道上
	井下躲避有毒有害气体路线的通道上	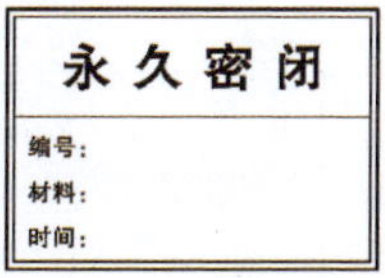	井下废巷、盲巷入口处
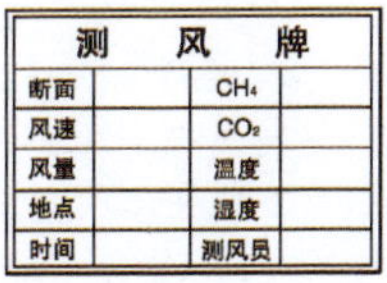	井下掘进、采煤工作面等处	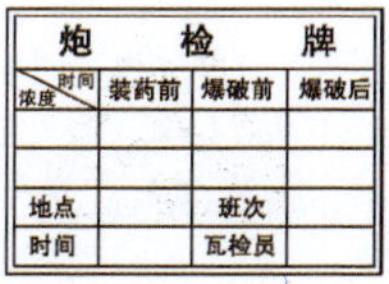	井下采掘工作面等要求设置的地点

煤矿职业危害标志

 禁止停留	 禁止启动	 当心中毒	 当心腐蚀
 当心感染	 当心弧光	 当心电离辐射	 注意防尘
 穿防护鞋	 穿防护服	 注意通风	 急救站
 戴防毒面具	 戴防尘口罩	 戴护耳器	 戴防护手套
 注意高温	 当心有毒气体	 噪声有害	 戴防护镜